森林生态系统服务价值
与补偿耦合研究

李 坦 著

U0389166

国家自然科学基金面上项目"面向多重不确定性的森林生态系统服务
价值评估模型构建与优化研究"（71873003）
国家自然科学基金青年项目"基于时空异质性的森林生态系统服务多
维测度与补偿标准耦合关系研究"（71503004）
　　　　　　　　　　　　　　　　　　　　　　　　联合资助

科学出版社

北 京

内 容 简 介

本书以森林生态系统服务价值理论为核心，以福利经济学、资源环境经济学等相关理论为依据，分析森林生态系统的社会经济属性，为我国森林生态系统服务价值补偿研究提供相应的科学依据和理论基础；采用经济学、统计学等手段，系统梳理以经济学为基础的生态系统服务价值评估理论，对森林生态系统服务价值理论体系进行成本与收益角度的方法梳理与系统评估，对北京市延庆县（现延庆区）进行案例研究，将生态系统服务价值与现有的生态补偿标准进行耦合与预测，提出对以森林生态系统服务价值评估为基础的补偿标准制定的对策建议，进一步明确森林资源的权属问题，探索森林保护的有效管理措施，为我国森林生态系统服务价值补偿政策的制定提供参考。

本书可供生态学与环境经济学等专业高校学生参考使用，也可以作为相关专业教师及相关科研和产业部门科技人员的参考用书。

图书在版编目（CIP）数据

森林生态系统服务价值与补偿耦合研究 / 李坦著. —北京：科学出版社，2019.10

ISBN 978-7-03-062688-2

Ⅰ. ①森… Ⅱ. ①李… Ⅲ. ①森林生态系统－服务功能－研究 ②森林生态系统－补偿－研究 Ⅳ. ①S718.56

中国版本图书馆 CIP 数据核字（2019）第 233801 号

责任编辑：王腾飞 沈 旭 石宏杰 / 责任校对：杨聪敏
责任印制：张 伟 / 封面设计：许 瑞

科 学 出 版 社 出版
北京东黄城根北街 16 号
邮政编码：100717
http://www.sciencep.com

北京九州迅驰传媒文化有限公司 印刷
科学出版社发行 各地新华书店经销

＊

2019 年 10 月第 一 版 开本：720 × 1000 1/16
2020 年 1 月第二次印刷 印张：8 1/2
字数：172 000

定价：79.00 元
（如有印装质量问题，我社负责调换）

前　言

森林被誉为"地球之肺"，它不仅为人类提供有形的物质资料，也为社会提供环境服务（如水源涵养、保育土壤等）。人们已逐渐认识到森林生态系统的重要性，因此对其服务价值如何补偿成为当前国内外生态学与环境经济学领域的一个热点与焦点问题。在此背景下，本书主要内容包括：①以经济学、资源环境经济学、心理学等理论为基础，对森林生态系统服务的产权特征、公共物品属性以及外部性特征进行分析，为森林生态系统服务价值补偿提供了必要的理论支撑；本书认为森林生态系统服务是生态系统科学管理的基本依据，其补偿标准制定的依据是森林生态系统服务价值评估，反映了我国森林生态系统价值评估研究的现实必要性；②为保障生产者的收入，调动消费者的积极性，本书认为补偿标准可基于收益理论和成本理论进行比较分析，给出基于收益理论与成本理论的两套评估体系，设计出体系内的主要指标，体现了森林生态系统服务价值补偿问题的复杂性；③基于经济学理论，探讨森林生态系统服务价值的收益与成本的计算方法，揭示计算公式的差异性、指标的可筛选性与较合理的补偿标准区间；④通过比较森林生态系统服务价值补偿的资金来源、补偿方式、补偿渠道、补偿保障等方面，论述我国森林生态系统服务价值补偿政策的具体实施方案和配套制度；设计以市场化、森林税等为主要手段的合理利用型生态补偿资金来源与途径；结合森林生态系统服务价值补偿中存在的法律制度、科技、文化因素，探讨我国森林生态系统服务价值补偿的保障制度；⑤对北京市延庆县进行实例研究，结合层次分析法和改进的Pearl生长系数法，试算延庆县财力对补偿的扶持力度，增强本书中补偿标准的合理性与科学性。

本书综合了经济学、环境经济学、计量经济学、心理学的理论、模型及研究方法，具体包括：运用经济学研究方法，分析森林生态系统服务价值补偿过程中的产权问题与公共品性质对政策的影响；运用环境经济学的分析方法，结合案例将森林生态系统服务价值补偿的标准进行比较研究；运用计量经济学模型分析补偿标准中不同部分的重要性；运用心理学理论解释生态补偿中利益相关者对补偿评价存在主观影响的现象存在的原因。

本书成果主要体现在：①基于收益理论与成本理论，设计出有区别的计算框架与指标，分析目前存在的重复计算问题，指出指标的可筛选性与区域性；②首次尝试对收益评价与成本评价的方法进行区别，进而比较分析森林生态系统服务价值补偿标准的制定，最后给出比较合理的补偿标准区间；③运用层次分析法和改进的 Pearl 生长系数法，结合案例解释森林生态系统服务价值补偿标准区间的合理性，试算补偿标准实现的年限。本书的主要成果对同类研究的深入开展与进一步优化森林生态系统服务价值补偿的研究具有重要的借鉴意义。

　　本书提出的建议包括：①应将成本和收益分开以便补偿标准的计算，并根据计算结果划定合理的补偿区间；②补偿资金来源应该多元化，补偿渠道应市场与政府相结合；③尽快出台相关的生态补偿法律保障措施，努力实现森林生态系统服务价值补偿的法制化、规范化，推进资源的可持续利用，实现不同地区、不同利益群体的协调发展；④应重视科技文化教育等因素在森林生态系统服务价值补偿中的作用。

　　本书参考了大量国内外学者、科研院所及环保机构的研究成果，编写过程中得到了国家林业局等相关部门的支持与指导，在此一并表示感谢。由于作者学识及写作时间有限，书中难免存在不足之处，恳请广大读者批评指正。

李　坦

2019 年 1 月

目　　录

第1章 绪 论

1.1 森林生态系统服务与补偿政策现状

森林生态系统作为陆地生态系统的主体，是地球生物化学系统的核心部分。它不仅是自然界中最完善的基因库、资源库，也对优化生态环境、调节生态平衡起着举足轻重的作用，还为人类提供木材、林副产品等生产资料和生活资料，是实现环境与发展相统一的关键与纽带，也是提供生态系统服务的重要来源。森林包括微观的有机体、土壤和植物，它们可以净化空气与水源，调节气候，将营养物质与废弃物再循环。从宏观来看，森林生态系统分布范围广，结构复杂，能量转换和物质循环旺盛，可提供食物、燃料与住所的原材料，给生命提供延续的动力与支持，因而森林生态系统是生产力强劲、生态效应巨大的陆地生态系统。森林生态系统与人类社会有着十分密切的联系，每年净生物生产量为 70 亿 t，占全球陆生植物净生物生产量的 65%（李玉敏和侯元兆，2005）。

随着人们对可持续发展问题的关注，森林生态系统服务的价值也引起了人们的广泛关注。森林生态系统具有水源涵养、固土保肥、固碳释氧、净化空气及生物多样性保护等多项服务功能，对维护人类的生存环境起着十分重要的作用，其价值可能远超过它所提供的各种实物产品的价值。具体来说，主要有以下几个方面。

（1）森林水源涵养的方式包括减少地表侵蚀和沉积，过滤水污染物，控制径流量，减少洪涝，促进降雨并减少盐渍。

（2）森林减少表层土的养分流失，保护其作用区内的幼小植物不受风的损害，同时还具有固丘的作用。沿海森林不仅可以减轻海水的侵蚀，以及暴雨巨浪和海啸的影响，还可以过滤并去除来自上游土地利用和工业排出的部分重金属，将它们固定在泥土中。

（3）森林对全球的气候也会产生重要影响。与其他的土地类型相比，森林反射回大气的热量较少。森林生态系统在影响气候变化的碳循环方面的作用非常显著。从全球角度来看，无论是乡村还是城市，森林都可以调节气候。在气候炎热时它们可以遮阴、吸热，同时制造凉爽；在气候寒冷时，它们还可以阻挡与过滤寒风，改变风向，同时减少风寒。森林生态系统也可以降低水体的蒸发损失率，它们具有的降低风速、缓和土壤温度与增加湿度服务等功能都对农林兼作系统有益。森林在阻截和捕捉风载微粒方面发挥着重要作用，前提是污染不会破坏或毁掉它们。

（4）森林对生物物种保育贡献极大。生物多样性是指现有形式的生命以及它们发挥的生态作用和所含的遗传多样性的有机结合。森林生物多样性包含遗传多样性、物种多样性和生态系统多样性三个层次，对维持稳定多样的森林生态系统具有重要意义。森林生物多样性使物种能够不断适应持续进化的环境，增强树木繁殖和环境改善的潜力，可满足人类对产品和森林生态系统服务的需求以及对变化中的各种森林生态系统用途的要求。在当代社会，新的压力迫使人们运用更平衡的方法来管理森林，将从以木材生产为主导的森林管理方式转化为提供多种产品与服务的综合管理方式。

（5）森林还担负着传承人类文明的重任，为人类提供各种经济与社会方面的服务。这些服务不仅有对林业部门投资的贡献，还包括通过提供就业、对林产品和能源进行加工与贸易等方式在整个经济部门中产生的利益。森林还可以保护极具文化、娱乐和历史价值的场所及风景。维护和加强这些服务是森林可持续经营与发展不可缺少的组成部分。

2001～2005 年，联合国开展的国际合作项目"千年生态系统评估"重点关注生态系统与人类福祉之间的关系，尤其重视对森林生态系统服务的评估（MEA，2005）。《千年生态系统评估报告》指出森林提供供给、调节、支持和文化服务等多项服务。这些服务在不同时间空间尺度下表现得多种多样，其中有一些为地方性的，另一些为全球性的。通常这些服务被分为四种类型：供给、文化、调节、支持，其中支持服务为其他三个服务提供了基础（图 1-1）。

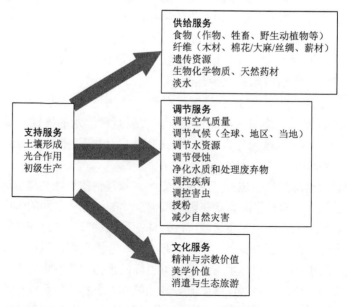

图 1-1　"千年生态系统评估"项目中的森林生态系统服务分类（MEA，2005）

　　不可忽视的是，森林生态系统正经历着严重的退化。从国际视角来看，联合国粮食及农业组织（Food and Agriculture Organization of the United Nations，FAO）主持开展的林业展望研究、"千年生态系统评估"（MEA，2005）以及《全球环境展望（3）》的评估结果显示出，在森林的可持续管理方面出现了一些令人担忧的情况：在一些区域和国家，森林砍伐速度惊人，而且在全球范围并没有减缓迹象；原生林的面积每年减少大约 600 万 hm^2，其中一部分原因是森林砍伐，另一部分原因则是其他人类活动留下了明显人为影响的迹象，从而使部分原生林在 2005 年森林资源评估的分类系统中转变为了天然改造林。在某些区域，遭受林火和病虫害不利影响的森林面积正在增加；木材采伐价值虽然有所提高，却低于通货膨胀率，木材采伐收入是森林所有者的主要收入来源，但采伐本身会对森林的环保管理产生不利影响；在若干区域乃至全球范围，森林管理和保护领域中的就业正在减少。虽然并非所有趋势都被看作是消极的，但仍需要付出巨大的努力来应对所出现的惊人趋势，以便在可持续森林管理方面取得更大的进展。

　　近 20 年来，我国政府与决策部门、各地方林业部门已相当重视森林保护并实施了一系列保护措施，但目前我国森林生态系统的退化现象仍不容忽视。总体来看，我国森林主要存在总量不足、质量不高、分布不均等问题。我国的森林覆盖率目前只达到世界平均水平（30.3%）的 60%；我国人均占有森林面积只有 0.132hm^2，约为世界人均占有森林面积（0.6hm^2）的 22%；人均占有森林蓄积量 9.42m^3，约为世界人均占有森林蓄积量（64.63m^3）的 14.58%。不仅如此，我国还是世界上荒漠化和沙化面积大、分布广、危害重的国家之一（蔡细平等，2004）。严重的土壤荒漠化、沙化威胁着我国森林生态系统的安全与社会经济的可持续发展。从森林生态系统存在的以上问题可以看出，关于森林生态系统服务价值补偿理论的研究具有重要的现实意义。

　　在我国高速发展的社会经济与日益恶化的生态环境之间矛盾不断激化的背景下，如何对森林生态系统服务价值进行补偿已经成为学术界研究的热点问题。由于我国地域的复杂性与广阔性，森林生态系统服务价值补偿问题显得尤为复杂。本书以森林生态系统服务价值补偿问题为主要研究对象，对我国森林保护中存在的问题进行总结归纳与分析，具有一定的理论与实践意义，主要总结为以下四点。

　　（1）森林生态系统服务价值的补偿研究以森林生态系统服务价值理论为基础，研究森林生态系统服务价值补偿有助于人们客观认识森林生态系统服务的价值，增强对森林生态保护的关注度。森林生态系统服务价值的评估工作已经全面展开，国家林业局等相关部门也制定了相应的核算标准，但是对于方法的理论基础及方法本身的探讨少之又少，导致理论不清、方法混乱等问题的出现。因此，本书针对此类问题，不仅提供了评估方法的分类，增加了相关理论研究的数据资料，一定程度上也丰富完善了森林生态系统服务价值补偿理论的学科体系。

（2）有利于正视我国森林生态系统保护与利用中的利益不均衡问题，从而促进森林生态系统的合理保护。目前我国森林资源正从单一的经济利用向可持续发展的利用方向转型，解决森林生态系统服务价值补偿中的利益不均衡问题，是实现森林生态保护的关键。森林生态系统服务价值补偿政策虽不是用来解决任何环境问题的万能工具，但也可以引导解决一些特殊问题，如森林生态系统的收益大多具有的外部性而导致的森林管理不善问题（Engel et al.，2008）。

（3）从研究的理论意义上来看，目前我国的森林生态系统服务价值补偿大多是利用生态学方法对森林的生态特征、环境变化与分布特征进行分析与研究。而从经济学视角将森林的生态特征与经济特征相结合，并进行相关研究的并不多见，本书丰富了该方面的研究，使森林生态系统的保护更具现实意义。

（4）运用规范研究的方法，对我国的森林生态系统服务价值、森林生态系统服务价值补偿标准进行了计算与分析，为后续研究奠定了基础。

1.2　问题的提出

从森林生态系统服务价值补偿政策在我国的执行情况可看出，目前的补偿政策存在一定的问题。关于补偿标准、对象及模式设计的研究种类繁多，差异很大，很多研究没有从环境经济学与生态经济学出发，将"谁受益，谁补偿"与"谁污染，谁补偿"混为一谈，导致了计算方法不科学、计算结果不可信等问题。从政策实行的情况来看，我国自 2001 年以来选择了 11 个省（自治区）的重点防护林和特种林，由中央财政预算安排专项资金，建立森林生态补助资金。这项工作的启动意味着占我国森林面积 30%的公益林管护开始纳入国家公共财政支出预算。同时，各级地方政府也根据当地实际情况实行了一定的补贴（曹晓昌等，2011）。但是，由于森林生态系统服务本身所涉及问题的复杂性，目前实施中的补偿政策缺乏系统的理论支撑与指导，在现实运作过程中也产生了一系列的问题，如补偿标准过于单一、补偿标准过低等。因此，从经济学理论视角对森林生态系统服务价值补偿进行研究，建立适合我国国情与林情的森林生态系统服务价值补偿理论体系，对于指导我国的林业生产与建设具有重大的意义。

目前全世界已广泛展开对森林生态系统服务价值补偿的研究，这对增进森林生态系统服务的市场化、生态建设募资、生态质量的改善、民众生态保护观念的增强等起到至关重要的作用。与国际研究相比，我国森林生态系统服务价值的补偿研究目前还停留在个例研究的层次上，理论方法和应用之间还存在一定差距，还未形成一套普适性的补偿理论，尤其是未能解决如何确定补偿标准、补偿与区域经济发展之间的关系、如何实现补偿等问题。具体表现在以下几个方面。

（1）森林生态系统服务价值补偿是以生态学与经济学为出发点的研究，目前的研究中这两个理论缺乏融合，常常过于重视生态学目标却忽视了经济学理论在生态补偿中所起的指向性作用，目前的研究也大多重视生态学而忽视经济学。

（2）大多研究没有对森林生态系统服务价值的供给方、需求方以及供给方向需求方提供了哪些类型的服务、提供多少等问题进行界定。

（3）我国目前一般采取统一的补偿标准，这就导致了补偿标准的不合理性，忽略了不同地区自然条件与经济条件在空间分布上的差异，补偿标准还未有统一的计算方法。

（4）当前的森林生态系统服务价值补偿往往针对的是一种或少数几种生态服务，这造成了生态建设保护在同一地区的重复实施，从而进一步导致了效率低下的问题。另外，补偿应该只补偿一种服务，还是应该都补偿？应该只核算市场价值，还是只核算非市场价值，或是综合起来评价？这也是需要思考的问题。

森林生态系统服务价值补偿是一项极为复杂的系统工程，它不仅取决于森林自身的自然属性与特点，还同时取决于区域的经济社会条件。尽管目前我国森林生态系统服务价值补偿仍然处于初级的研究阶段，但在社会各界的积极推动下，补偿理论必将日臻完善，我国森林生态系统服务价值补偿研究也将迈向一个新阶段。

1.3 国内外研究进展

如何对森林生态系统服务价值合理利用与补偿是目前学术界研究的重点。国内外学者从多方面、多角度对区域性乃至全球性的森林生态系统服务在时间、空间上的动态变化以及模型构建等问题进行了大量的研究，尤其是经济发达及生态环境脆弱的典型地区。研究所运用的理论和方法也不甚相同，各有特点。以下主要对国内外的一些重要研究进行梳理。

1.3.1 生态补偿研究范畴

本书的主要内容是森林生态系统服务价值补偿，为了简化概念，将其简称为森林生态补偿。国外学者对于森林生态补偿的研究主要集中在对生态补偿的定义、对补偿原理的理解与应用、对补偿标准的计算方法、对补偿市场的研究以及研究区域的尺度等方面。当前国内研究主要集中在对森林资源的核算与森林生态效益的评估上，这属于森林生态系统服务价值范畴内的研究，也就是说，对森林生态系统服务价值的评估包括对森林资源的核算和对森林生态效益的评估。本书为了概念上的统一，将这几方面的研究统称为对森林生态系统服务价值的研究来进行归纳与讨论。

对森林生态系统服务价值补偿这一概念的研究由来已久。经济学家马歇尔在1864年首先提出了"自然资源是有限的"这一概念，Linderman（1942）第一次对生态系统做了系统的研究，Krutilla（1967）对生态系统这一概念进行了简洁有力的阐述，被认为是早期颇具影响力的成果。当代的生态经济学家不仅认为生态系统可以支持生命（Deutsch et al., 2003），而且提出了如何去衡量生态系统服务与生命质量相关的问题（Daily, 1997），以及如何在决策时不忽略这些具有市场价值的环境资源（Costanza et al., 1997）和目前能源与资源的使用速度是否已经超过了地球自我更新的能力（Wackernagel et al., 2002）。一些学者关注的是社会资源的使用是否已经过度（Ehrlich and Goulder, 2007），生态经济学家越来越精通于解释生态交易中的管理选择问题，这些交易同时具有时间和空间上的异质性。它们通常被使用在四种不同的服务中，供给、文化、调节和支持，其中支持服务是前三者的基础（MEA, 2005）。

国外普遍将森林生态系统服务价值补偿集中在对生态系统服务价值的支付（payment ecosystem services，PES）问题上进行研究，一个重要问题是关于生态系统服务的概念繁多，且定义之间存在巨大差异（Fisher et al., 2009）。其中引起广泛关注的一个观点是健康的生态系统可以给人们带来的无形收益（Collins and Larry, 2007）。也有学者将 PES 定义为能够联系生态系统服务与社会活动，或者能够估计损失的生态系统服务的替代成本（Costanza et al., 1997；Boyd and Banzhaf, 2007）。每个定义都从供给或者需求的角度，认识到了市场与非市场的价值，考虑了时间与空间的规模，评价核算的单位，并且跟踪森林生态系统服务从开始到应用的过程。通过对生态系统服务的流量的量化研究，并且在模型中使用数据和其他的决策工具，生态系统服务价值得到了更精练的定义。出于对市场价值评估的考虑，对补偿的定义应投入更多关注，因为这将决定核算的结构与评价的结果（Boyd and Banzhaf, 2007），决定其对一般问题的适用性，以及决定市场是否能在一定范围内支持生态系统服务（图 1-2）。

从研究内容来看，国外学者对不同空间、不同区域尺度的森林生态系统服务价值进行了研究。Costanza 等（1997）率先从全球尺度对整个地球生物圈的生态系统服务价值进行了估算，从那时起，国际上掀起了对生态系统服务价值研究的热潮。在国家尺度上，世界银行（World Bank）、联合国粮食及农业组织（FAO）先后对澳大利亚、哥斯达黎加等一系列发达国家和发展中国家进行了森林生态系统的评估，其中也包括对亚马孙热带雨林等的评估。这些地区森林覆盖率高，生态系统服务特征突出，具有极高的研究价值。在地区尺度上来看，20世纪70年代，日本林野厅对日本全部的森林进行了公益效能的计算与评估。这次评估引起了全世界各

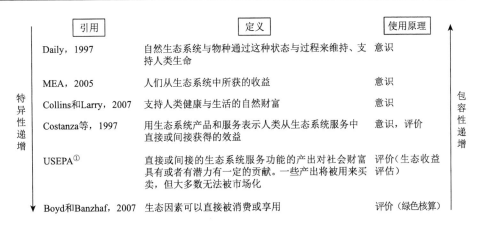

图 1-2 生态系统服务价值补偿定义发展过程

个国家的广泛关注。另外，欧洲国家（如德国、法国）、印度、南非等均开始对森林生态系统服务价值有所关注并研究。

国外研究整体偏重于对补偿模式市场化、补偿的条件市场化以及影响因素等方面的研究，而现有的森林生态系统服务价值补偿研究中理论来源不清晰、补偿方法不统一、补偿标准不规范是普遍存在的问题。

我国的补偿理论研究是伴随着生态补偿的实践而逐步发展的，在不同的阶段，研究的范围与侧重有所不同。随着 2012 年《国家"十二五"时期文化改革发展规划纲要》的颁布，建立生态补偿机制已成为大势所趋，目前的生态补偿研究日趋热化，研究的广度与深度也不断加强。

在森林生态补偿概念的研究方面，目前国内学者的争议主要集中在以下几方面：章铮（1996）认为为了使外部成本内部化，生态环境补偿是为控制生态破坏而征收；庄国泰等（1995）认为补偿是一种承担损害生态环境的责任，也是一种可以减少环境损害的经济手段；洪尚群等（2001）认为，生态补偿是一种利益驱动机制、激励机制及协调机制；毛显强等（2002）指出生态补偿是指通过刺激损害行为的主体减少因其行为带来的外部不经济性，其核心在于补偿强度、补偿渠道与补偿对象的问题，并提出了生态补偿应以产权为基础，以机会成本为标准的建议；王钦敏（2004）对生态补偿的定义是对因资源使用而放弃的未来价值的补偿；孙新章等（2006）指出生态补偿是一个恢复、惩罚和机会补偿的全面综合体；李文华等（2006）的观点是，生态补偿是一种效益补偿，换言之，是用经济的手段激励人们维护与保育生态系统服务，并解决市场失灵造成的外部性问题，从而最终达到保护生态环境效益的目标。他们认为国际上的生态系统服务付费与生态

---

① 美国国家环境保护局（USEPA）于 2006 年提出的生态补偿定义。

效益补偿存在的差别在于通过市场手段和政府手段来解决生态效益问题，并表达了针对我国的情况，采用生态补偿概念更贴切的观点。

森林生态系统服务价值补偿理论研究的基础是对森林生态系统服务价值的评估，价值评估的基础是对其理论与方法的研究。与世界上相对先进的研究水平相比，国内的相关研究起步较晚。自 20 世纪 80 年代我国开始此领域的评估工作起，国内学者为森林生态补偿理论的标准化与定量化研究做了大量工作。孔繁文等（1994）首次较为全面系统地对森林资源核算问题进行了研究，整体构建了我国森林资源核算研究的框架；侯元兆和吴水荣（2005）首次较为全面地对我国森林资源的价值进行了评估研究，主要包括 3 种生态价值（水源涵养、防风固沙、净化空气等）的经济价值，并开创性地揭示了森林这几项环境价值大约是立木价值的 13 倍。同时，一部分学者针对森林生态系统服务价值进行了案例研究和理论思考。欧阳志云等（1999a）第一次运用生态系统服务的概念，对我国陆地生态系统的 6 种服务进行了初步的评估；李金昌（1999）对森林生态系统的各项生态服务价值进行了讨论并计算；薛达元等（1999）运用市场价值法、机会成本法、影子工程法、费用分析法等方法评估了长白山当地森林生态系统的间接经济价值；谢高地等（2001）以修正后的草地生态系统服务价值生物量为基础，估计出草地生态系统中各项生态系统服务价值；李文华等（2007）系统研究了森林生态系统服务；姜文来（2003）研究了森林水源涵养服务价值评估的理论与方法体系；赵同谦等（2004）构建了森林生态系统服务评估计算的指标体系并初步评估了其生态价值、直接及间接经济价值；余新晓等（2005）对我国森林生态系统服务价值进行了评估，结果显示我国森林生态效益价值显著高于其林木产品价值。由此可见，学术界逐渐认识到了森林生态系统服务的价值，不再仅对森林资源进行简单核算，这为本书工作的展开奠定了基础。

从研究尺度来看，目前我国对森林生态系统服务价值的评估已经覆盖了河北、甘肃、江西、黑龙江、青海、西藏、辽宁和海南等省（自治区）及下属县市。在目前的生态系统服务价值研究实践中，所采用的评估方法各不相同，经常会导致不同地区的评估案例没有可比性。鉴于此，国家林业局于 2008 年 4 月制定了《森林生态系统服务功能评估规范》（LY/T 1721—2008）（以下简称《规范》），首次对森林生态系统服务价值的数据来源、指标体系和评估公式进行了规范，为生态系统服务价值评估的规范标准化研究工作做出了有益的尝试。

森林生态系统服务价值相关概念与理论的发展，为森林生态补偿研究的进一步发展夯实了基础，为国家及地方各相关部门的政策制定提供了科学参考。

1.3.2　森林生态补偿标准计算方法研究

当前国内众学者主要运用生态足迹法、机会成本法、市场价格法、影子价格法、碳税法、重置成本法等方法对森林生态系统服务的价值进行评估，并据此确定森林生态系统服务价值的补偿额度。例如，生态足迹法可以用来评估旅游产业造成的生态压力及当地居民退耕还林、退耕还草行为的生态保护价值，并由此做出生态补偿的额度标准（章锦河等，2005）。影子价格法可以估算以南水北调水源地建设所消减的污染物数量，从而确定了建设水源地生态功能区带来的外部正面效益的下限值（顾岗等，2006）。区际生态补偿标准可以以生态补偿受益量和受损量的一半差额来计算（吴晓青等，2003）。意愿调查可用来研究补偿标准并指出从后续的补偿趋势看，延长补偿的期限是大势所趋，不过补偿的标准可适当降低（孙新章和周海林，2008）。

21 世纪以来，对生态系统服务的研究进入更为数字化信息化的阶段。一方面是与遥感技术（remote sensing, RS）、地理信息系统（geographic information system, GIS）等专业技术的融合更为紧密；另一方面，如今的生态系统服务研究已经更多地开始运用软件模型来解决实际问题，因此 GUMBO 森林生态价值估算模型、CITY green 森林生态价值估算模型、InVEST 森林生态价值估算模型、EcoEcoMod 生态经济模型等软件应运而生。这些软件可以较好地应用于生态系统服务价值的研究，为制定相关政策提供依据，已达到可用已给预算获得最大的生态输出的水平。

1.3.3　森林生态系统服务价值补偿政策概况

关于森林生态补偿的政策实行，也是目前的一个研究热点。理论的研究是为实践而服务的，在现实中则表现为投入实施的政策。

自 20 世纪 80 年代以来，国内外很多国家和地区进行了大量的森林生态补偿实践，涉及的领域主要包括流域水环境管理、农业环境保护、植树造林、自然生境的保护与恢复、碳循环、景观保护等。极富代表性的补偿项目是哥斯达黎加等拉丁美洲的国家开展的 PES 项目。此项目由世界银行发起，主要针对改善流域水环境服务实施补偿。除此以外，哥斯达黎加对造林、可持续的林业开采、天然林保护等也提供补偿。爱尔兰采取了造林补贴（planting grant）和林业奖励（forestry premium）这两种政策激励措施来鼓励私人造林。2001 年我国成立了森林生态效益补偿基金，该基金主要用途是营造、抚育、保护及管理具有生态效益的防护林和特种用途林。

碳贸易也是补偿政策的一个重要组成部分。为降低温室气体排放率，1997 年12 月《联合国气候变化框架公约的京都议定书》应运而生。由于发达国家在本国实现温室气体减排的成本较高，因此他们开始热衷于购买发展中国家的碳当量从而实现减排目的，全球性的碳贸易从而推向高潮。2005 年开始实施的欧盟碳排放交易体系（EU emissions trading system，EUETS）也是对《联合国气候变化框架公约的京都议定书》的一种响应，欧洲的碳贸易市场由此进入了高速发展时期。

一些地区对森林景观的保护也采取相应的补偿措施。例如，瑞士景观保护者每年都会得到一定额度的政府补偿金。还有一些地区会通过收取门票的方式来获取森林景观保护所需的经费。

1.4　数据来源及研究方法

本书数据来源有三部分：来自历年国家林业局公布的森林资源清查数据；研究区域的统计年鉴等相关统计数据；整理实地调研的农户调研问卷得到的一手数据。

此外，本书主要运用了以下研究方法。

（1）规范研究与实证研究结合的方法。运用经济学、生态学、资源环境经济学、心理学等相关理论，基于我国森林资源与生态保护的现状，对森林生态系统服务价值补偿进行理论视角的比较研究，设计出基于成本理论与收益理论的我国森林生态补偿政策体系。

（2）定性与定量研究相结合的方法。通过总结归纳现有研究文献对森林生态补偿问题进行定性分析，并在此基础上设计了两套研究方法，运用计量模型，如层次分析法，对定性分析的结果进行验证，增加了本书的实证性与逻辑性。

（3）案例试算的方法。引用分析了国内外大量补偿经典案例，结合实际调研情况对案例地区进行指标试算与预测，分析了本书结果的现实可行性，为补偿理论实践的研究奠定了基础。

（4）比较分析的方法。研究的目的是通过比较成本理论与收益理论在生态补偿中不同的评估方法，增强评估体系与森林生态补偿理论的科学性，为我国森林生态系统服务价值补偿的指标框架与实践提供一定的思路。

（5）静态研究与动态研究相结合的方法。事物在变化中发展，因此将静态研究与动态研究相结合，从经济发展的形态中把握可行性。关于森林生态补偿政策的设计与实施，现实中需要反复的检验才能日趋完善，这一过程也是静态研究与动态研究结合的过程。

第 2 章　森林生态系统服务价值补偿的理论基础

本章阐述的重点是本书的理论基础,首先对本书主要概念的内涵与外延加以界定,随后总结分析理论领域的主要研究,接着论述本书涉及的所有相关理论,如产权理论、公共物品理论、外部性理论以及心理学禀赋理论等,最后对比分析收益理论与成本理论。

2.1　森林生态系统服务与价值补偿相关概念

2.1.1　森林生态系统相关概念

1. 森林生态系统

生态系统(ecosystem)的概念由英国生态学家 Tansley 在 1935 年首次提出,是指在一定的空间内生物成分和非生物成分通过物质循环和能量流动相互作用、相互依存而构成的一个动态的、复杂的生态学功能单位(Tansley,1935)。生态系统将生物及其非生物环境作为互相影响、彼此依存的统一整体。自 Tansley 提出并阐述生态系统概念以来,以生态系统理论为基础的生态学研究逐步形成了一个完整的科学体系,并且从注重生态系统结构研究逐渐向关注生态系统服务功能及其价值的研究方向发展。

森林生态系统是指森林生物群落与它所处的环境在物质循环与能量转换过程中形成的系统,其中森林生物群落主要是指乔灌木、各种草本、地被植物以及动物、微生物等;所处环境包含土壤、空气、水分、温度等各种非生物环境条件。简单地说,森林生态系统就是一个以乔木树种为主体的生态系统,它与土壤、大气、水体进行物质与能量的交换,对维持整个地球生命系统和促进社会的可持续发展有着非常关键的作用(金波,2010)。

森林生态系统是陆地上分布最广、结构最复杂、资源最丰富的生态系统,它也是维护生物多样性的基因库、能源与养分的储蓄调节库,对维持生态平衡发挥着不可替代的作用。森林面积虽只占陆地面积的 33%,但森林年生长量却占陆地全部植物年生长量的 65%。总之,森林生态系统不仅是陆地生态系统的主体系统,也是人类丰富的可再生自然资源库(陈能汪等,2009)。

2. 森林生态系统服务

森林生态系统服务是指森林生态系统对人类的生产、生活、发展产生的直接或间接的影响，它包括生态、经济、社会等诸多方面。截至目前，全世界在森林生态系统服务分类和评价指标体系方面仍未能统一，各国应用的指标体系皆存在或多或少的差异。本书认为森林生态系统的主要产品与服务体现在以下方面：首先是森林为人类提供的实物价值，主要包括林地、林木及非林产品等，也就是直接的经济效益；其次是森林的多种生态服务，如水源涵养、固碳释氧、生物多样性保护、防风固沙等的价值；最后是森林的社会服务（如森林提供美学、精神和文化等服务）的价值。目前主要有两个途径可以组织实现森林生态系统的产品与服务：一是人类可以开发森林，如采伐树木、采摘森林果实等；二是森林的自然机能的传递，大部分森林生态系统服务都可由此路径进行传递。在市场经济条件下，大部分森林产品的生产属于市场经济活动，可在市场中实现产品供需对接。同时仍存在大量不经过市场、自产自用的森林产品生产活动。目前只有小部分的森林生态系统服务实现了市场化，而大部分森林生态系统服务都具有公共品的性质（陈钦，2009）。

现有评估主要集中在森林产品的经济评估方面，包括被市场化的森林产品部分（陈钦和魏远竹，2007a），这一般属于森林资源核算的研究范围。本书的观点是：如果对森林生态系统服务价值进行系统评估，现有的评估范围无疑需要扩展，不只需要评估森林实物产品，也要评估森林生态产品。不只计算通过市场实现的那部分价值，也应该对那些具有公共品性质的生态服务进行评估计算。森林生态系统服务的评估与计算是国民经济体系中不可缺少的重要组成部分，对协调平衡社会经济发展与生态环保两者间的关系起着十分重要的作用。

3. 森林生态系统服务功能

Daily（1997）提出生态系统服务功能的概念，将其定义为自然生态系统及其构成物种能够维持和提供人类生命所需的环境条件和过程；Costanza 等（1997）则认为生态系统的产品（如食物）与服务（如同化废弃物）是指人类直接或者间接地从生态系统的功能当中获得的各种惠益。因此，Daily 的定义强调的是自然生态系统提供的各种服务，Costanza 等的定义则把生态系统服务划分为产品和服务，同时强调自然生态系统和人工生态系统皆可提供产品和服务。我国学者欧阳志云等（1999b）提出的观点是：生态系统服务功能是生态系统与生态过程所形成及所维持的人类赖以生存的自然环境条件和效用。

综上所述，本书认为森林生态系统服务功能指的是在森林生态系统保持其完整性（如初级生产力、食物链等）的过程中，整个森林生态系统的内在特征，主要包括分解、生产、物质循环以及养分和能量的变化等过程。换言之，森林生态系统服务功能是指森林生态系统的生境、生物或系统属性或过程。森林生态系统服务功能，属于森林生态资产的存量。森林生态系统服务功能只有在对社会有益并被人类享用的情况下才可转换为森林生态系统服务。

4. 森林的生态效益

森林的生态效益，指的是在森林生态系统及其影响范围内对人类有益的效益的全部，含森林生态系统中的生命系统效益、环境系统效益、生命系统与环境系统综合统一体提供的效益，以及由上述客体存在而产生的所有物质与精神方面的效益。

综上所述，本书通过对森林生态系统及其服务、功能、效益等概念的逐一梳理，将森林生态系统服务确定为研究对象，这是在流量范畴内进行的研究。森林生态系统功能属于森林生态系统服务概念的外延，而森林的生态效益、社会效益与森林资源都属于森林生态系统服务概念的内涵。

2.1.2　森林生态系统服务价值补偿机理

国外对于森林生态系统服务价值补偿的研究，通常是与森林生态系统服务价值的评估相结合的。Engel 等（2008）认为，生态补偿是一种尝试通过掌控市场去提供生态系统服务的方法，并提出了当生态系统服务流量的变化已经被证实是难以量化的时候，土地利用的变化就被用来作为额外性的代理的观点。图 2-1 介绍的是当森林保护实施时生态补偿的实现，可知当这类补偿支付超过了预期的经济收益，森林的可持续保护就会成为经济行为上优先的选择。

国际上常用的第二种补偿方式（图 2-2）不包括土地利用方面的变化，但是包括了管理实践方面的变化，如补偿资金将被用来保护或改进水质，增加种树以改进碳排放等。这个补偿方式是从林产品增加的市场价值来支付补偿，对这种补偿方式的兴趣来自绿色产品的市场需求与支持森林生态系统服务的实践。当对木材的需求下降了，同时发展的压力持续增加，生态系统服务的价值将对保护森林提供必要的刺激。

国内对于森林生态补偿的主要观点是：森林生态补偿主要通过经济手段刺激人们维护与保育森林生态系统服务，以避免因市场失灵造成的效益外部性并维持社会发展的公平正义，最终完成维护生态与环境效益的目标（李文华等，2006）。

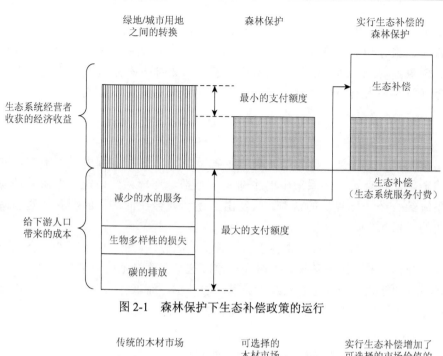

图 2-1　森林保护下生态补偿政策的运行

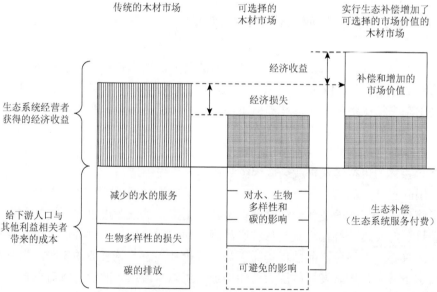

图 2-2　在可持续发展的林产品市场上的森林生态补偿政策的运行

　　根据我国实际情况，本书认为森林生态补偿是一种为了优化、保护和使用森林生态系统服务的主客体利益关系的综合方法，也是维持森林生态系统服务的一种途径和激励措施。它的核心内容不仅要包括森林的经济收益补偿，更要包含对因森林生态系统退化而投入的恢复森林生态系统的成本与为保护森林生态系统而丧失的各种用途的损失补偿。它是一种防止森林生态资源配置不均与效率低下的经济手段，通过相应的政府、市场手段实现外部性的内部化；通过研究解决生态补偿中的"寻租"与"搭便车"现象，激励森林生态系统服务的足额供给；通过创新研究使得森林生态的投资者可获取合理的经济回馈，鼓励人们投资森林生态系统服务，并使森林生态资本增值。

2.2　森林生态系统服务价值补偿的理论框架

自从森林生态系统成为经济社会发展的重要条件之后，尤其是在资源日益稀缺的条件下，人们开始注意分析与研究其价值的问题，进而引申至生态补偿的问题。我国经济理论界对于自然资源的价值研究始于 20 世纪 80 年代。我国经济学家于光远（1981）曾提出"所谓对自然资源与环境进行计量，就是要使由自然资源与环境遭受破坏而造成的损失和由环境工作取得成就而获得的收益大小，用钱数来表示；就是要在研究并制定国家发展战略和规划、研究并制定有关政策、措施时，对这种损失和收益进行钱的计算，如果不这样做，我们即使一般地懂得重视自然资源与环境工作的必要，仍不能权衡利害得失做出正确的决定。"几十年来，自然资源价值经济评价理论在国内外发展迅速，取得了丰硕的成果，给生态补偿研究提供了坚实的理论支持（陈源泉和高旺盛，2007）。

目前，建立森林生态系统服务价值补偿的理论来源主要是：马克思劳动价值论——森林生态系统被视为"公共物品"（孔繁文等，1994）、生态价值论——将货币作为尺度进行衡量计算（温作民，1999）、科斯定理——用森林生态系统服务的受益者谈判等方法达成一致协议的途径对损失者进行补偿（宋晓华等，2001），以及运用经济手段如直接补偿或者征收税费的方式协调森林生态系统的外部性问题（吴水荣等，2001）。

2.2.1　产权理论

在一般情况下，森林资源分配不均或低效率会产生环境问题。生产者与消费者使用环境资源的方式取决于支配这些资源的产权。经济学的产权指的是使用资源的一个权利束，用来明确所有权、特许权和权利限制。通过考察这些权利和它们影响人类行为的方式，我们能够更好地理解市场与政府在资源配置中所产生的环境问题。

在一个运作良好的市场经济中可以产生有效配置的产权结构。有效的产权结构有以下三个主要特征。

排他性：拥有和使用资源产生的所有效益和成本的权利属于所有者，并且只属于所有者，可以直接或间接地出售给他人。

可转让性：所有产权都能以自愿交换的方式从一个所有者转移到另一个所有者。

强制性：产权应该受到保护以免被别人强制性地夺取和侵犯。

产权得到明确界定的（表现出上述三个特征）资源所有者会有强烈的动机去有效使用资源，因为资源价值的降低意味着个人的损失。人们在交换得到明确界定的产权时，交换可以促进效率，正如市场经济中的产权交易。

产权理论的核心问题是产权如何界定。近代的产权理论源自美国芝加哥大学的罗纳德·科斯教授的科斯定理，科斯（1994）在诺贝尔经济学奖颁奖时进行了以"论生产的结构"为题的演讲，其中将科斯定理概括定义为：在交易费用为零时，当事人之间的谈判交易会导致引起财富最大化的制度安排，只是这种情况与权利的初始配置是无关的。

马克思的产权理论为我国森林保护与可持续发展过程中相关问题的解决提供了理论依据。马克思提出，经济基础中的生产或经济关系决定了上层建筑中含产权在内的所有权关系。包括产权在内的关系在上层建筑中形成后又会反作用于经济基础，反作用于生产关系或经济关系。马克思还分析了商品市场和劳动力市场在产权方面的权属关系。他认为，在上述的两个市场中，买卖双方的交易行为都是建立在双方意见一致的基础上的。总而言之，马克思的产权理论将财产与所有制划入经济范畴，而把财产权和所有权划入了法律范畴。马克思构建了科学的产权理论，为我国的森林生态补偿机制研究奠定了坚实的理论基础。

对于森林生态系统服务价值评估而言，评估体系中应用的很多方法的基础就是产权理论，理论核心是首先要明确森林服务的产权及其主体，使森林生态系统服务价值补偿的支付意愿或者接受补偿意愿的计算有理可依。原因在于如果个人对于某服务或物品不具有产权，那么他获得个人效用最大的办法就是为获取该物品的最大效用所自愿支付的最高价格。产权一般以复数名词形式出现，它可以使得个人在权利允许的范围内行使使用权；也可以享受事物中获得的各种利益，也就是收益权，或者改变事物形态与内容，即支配权；也可以出租、出售事物，也就是让渡权等。由此可见，产权是一系列权利束，各种权利密不可分，缺一不可，否则就是不完整的产权。

如果某人拥有某种物权，那么评估他获取最大效用的方法就是研究其为获取该物品的最大效用所愿意接受的最小支付意愿。具体到森林生态系统产权方面，本书认为应分成两个部分，一部分是指《中华人民共和国森林法》《中华人民共和国物权法》等相关法权主体对林木和林地的占有、使用和处置的权利，这项产权较为容易界定；另一部分是森林生态系统的环境产权，这部分产权难以界定，导致其职能收益也很难实现，进而使得大量森林资源在实际中被无偿占用。因此需明晰整个森林生态系统的各项产权，界定产权主体，才能促进森林生态系统的可持续利用。

2.2.2　生态系统服务的经济属性——公共物品理论

主流经济学分析的主要是私人物品（private goods），私人物品的定义是可通过市场交易的商品，具有排他性与竞争性。本书的观点为森林生态系统服务基本都属于公共物品（public goods），即无法通过市场调节的、具有非竞争性和非排他性的商品。

公共物品，也称为公共财货，是与私人物品相对的概念。经济学家萨缪尔森和诺德豪斯最早给出了公共物品的概念并部分解决了其理论核心问题。第 16 版《经济学》中萨缪尔森和诺德豪斯对公共物品的定义为无论个人是否购买，都能够让全社会所有的成员获取一定效益的物品。私人物品是其相反概念，指的是可分割且可供不同个体消费，没有给他人造成外部效益与成本的一类物品（萨缪尔森和诺德豪斯，1999）。

公共物品的一个重要特点即供给具有普遍性，也称非竞争性（表 2-1），指的是在规定的生产条件下，面对额外的消费者提供服务或产品的边际成本为零。一个人对该物品的消费，不会减少或影响另一个人对同一个物品的消费。公共物品的另一个特征是消费的非排他性，公共物品的这种性质使得私人市场缺乏动力，难以有效地提供公共物品与服务。任何人不能因为自己的消费而排除他人对该物品的消费，其结果是很难或不可能对公共物品收费。

表 2-1　私人物品与公共物品的特点

特点	排他性	非排他性
竞争性	私人物品	准公共物品
非竞争性	准公共物品	公共物品

森林生态系统服务大多属于公共物品，具有较强的公共品特质，这一特质导致森林生态系统服务的市场失灵。目前，森林生态系统为公众提供了很多重要的生命支持服务，如水源涵养、固土保肥、防风固沙和生物多样性保护等。可见，如果森林生态系统具有生态服务，任何个人、群体就不太可能从森林生态系统服务的消费中被排除，也就是非排他性；并且个人对森林生态系统服务的消费也不能拒绝他人消费同一森林生态系统服务，也就是非竞争性。整个过程中没有个体能够或应该被排除，消费者也因此无法为森林生态系统服务而支付费用。

是否所有的生态系统服务都是纯正的公共物品呢？有的生态系统服务确实如此，如碳的释放就是公共物品最典型的例子。但也有其他的一些生态系统服务的消费具有排他性，而另一些具有竞争性，是准公共物品。例如，水的服务，只有持有水权或者位于水源地的使用者可以从中获益。这些特性对于我国森林生态补偿研究的设计与实行具有重要的暗示作用。

2.2.3　森林生态补偿问题的根源——外部性、市场失灵

与公共物品相关的重要概念是外部性（externality），换言之，公共物品就是外部性的一个特殊例子。在大多情况下公共物品的存在引发了外部性，市场失灵的表现之一就是外部性。

在经济学理论中，外部性也称外部成本（external cost）、外部效应（external effects）或溢出效应（spillover effect）。外部性可以进一步分为正外部性（或称外部经济、正外部经济效应）和负外部性（或称外部不经济、负外部经济效应）。外部性概念的定义问题至今仍是一个难题，很多著名的经济学家都将外部性概念看作经济学文献中难以捉摸的概念之一。追根溯源，经济学家马歇尔最早提出了外部性理论，后由庇古对外部性理论进行了完善。根据传统福利经济学的观点，"某一经济活动的外部经济性或外部不经济性，就是该种活动行为的社会影响和私人影响之差"（崔一梅，2008）。

当某类行为产生的私人成本（或收益）与整个的社会成本（或收益）不符合的时候，外部性问题就会出现。外部性指的是如果个人的生产、消费给他人带来了实际收益，而这些收益并没有通过市场价格对其进行反馈，可以认为其活动具有正外部性；反之，若社会承担了个人行为所带来的成本或损失，则其活动具有负外部性。森林生态系统的经营管理一般具有正外部性，因此需将其外部性内部化，对相关的生产活动进行补偿，以弥补市场价格未能反映的生态服务价值。现有两类方式对森林生态系统服务价值进行补偿，一类是运用公共财政补贴，另一类是运用市场化手段补偿。两类方式各有利弊，市场化手段较难操作，公共财政补贴受财力限制较大。实际中很难对森林生态系统服务明晰产权后实现市场中的自由交易，因此大多情况下还是运用公共财政进行补偿（代光烁等，2012）。

依据外部性的经济学解释，森林生态系统服务的价值，特别是生态价值、社会价值等明显存在外部性。因为森林生态补偿目前是一种政府行为，即生态补偿是由政府投资的，目的就是保护生物多样性及森林生态系统服务，使得人类赖以生存的森林生态系统能够继续为人类服务，让良好的生态环境能够继续为周边区域的发展保驾护航。森林生态系统直接对国家自然资源的分配优化产生影响，因此对其外部经济效果进行评估以实现外部经济内部化是大势所趋。

成功的经济依赖于良好运行的市场，市场通过资源的价格反映相对稀缺的不同资源，并对资源进行最有效的配置（戴君虎等，2012）。很多环境的低效使用和管理不当都与市场的失灵有关系。导致市场失灵的原因主要是外部性与公共品，市场失灵使得森林生态系统服务的需求曲线是虚假的。原因在于：第一，消费群体自身没有掌握对森林生态系统服务的真实需求价格；第二，为"搭便车"，很多消费者不愿陈述自己真实的偏好和真实的支付意愿，由此产生森林生态系统服务的真实价值难以直接由消费者市场选择来反映的现象。

森林生态补偿政策的目标是为整个社会提供森林生态系统服务这一公共物品，具有外部经济性，只是很多服务是无形的，导致其产权难以明晰，因此在市场经济环境下，尽管公民的支付能力已经有了很大的提升，独立企业或个人却并不愿意主动去承担林业建设或者支付补偿费用。因为他们不需要支付费用就可以得到森林生态系统服务，此时就会出现"免费搭乘"的情况（邓坤枚等，2002）。生态林业的这种外部性使得生态林业建设这一经济活动的私人成本或收益与社会成本或收益之间发生背离。

林业生产所具有的外部性有时会产生市场失灵，使得资源配置无效率或低效率（杜宗义等，2011）。所以，要想消除外部性带来的影响，我们必须采用一些带有纠正性质的策略，必须使具有外部影响的私人决策产生动力以矫正外部性，才能使外部性被内部化，这样才能阻止过度采伐森林的行为和推进生态森林建设工程的实施。在实际应用中，一般有两种能够矫正林业生产建设外部性的措施：一是在产权明晰的情况下提倡私人协商，二是由政府干预解决外部性问题。这两种措施的具体应用手段之一就是森林生态系统服务价值的补偿。本书不妄求森林生态系统的一切问题都可通过市场来解决，只期望通过分析森林生态建设中市场失灵的原因，制定相应对策，最终求得生态经济的协调发展。

2.2.4 森林生态补偿中的重要影响因素——心理学中的禀赋效应

森林生态补偿机制不仅是经济学、生态学的交叉综合研究，也需要在设计中重视人们的行为选择。行为经济学将行为分析理论与经济规律、心理学与经济科学有机地结合起来，以发现现有经济学模型中的错误，进而修正主流经济学中关于人的理性、自利、完全信息和效用最大化等基本假设的不足。目前的研究显示，在行为经济学中普遍存在心理学中的禀赋效应。

禀赋效应是指个体在拥有某物品时对该物品的估价高于没有拥有该物品时的估价的现象。禀赋效应的研究范式包括经典研究范式和物物交换范式。禀赋效应的影响因素主要包括认知角度、动机、情绪、交易物品的特征、研究设计的选择等。

心理学中的禀赋效应对森林生态补偿政策也有一定的影响，这个影响具体表现在补偿标准的估价方面，卖主（森林生态系统服务的提供者）的估价永远比买主（森林生态系统服务的购买者）高，并且补偿会改变成本和收益之间的时空动态关系、改变行为人的心理预期、行为人的选择偏好、行为人之间的责任与义务关系。一般情况下，人们是否拥有这个物品与对该物品的评价是不相关的，因此禀赋效应的存在对以理性为前提的经济理论提出了很大的挑战，也给森林生态补偿机制的设计增加了一定的难度。本书为了解决与平衡禀赋效应的影响，在研究过程中充分考虑这一前提，以期获得标准、客观、科学的研究结果。

2.3　补偿标准评估方法的理论依据

森林生态系统服务大多没有市场，其价值需要运用一些间接手段，如替代成本、影子价格、旅行费用、享乐价值、条件价值等来反映。所以常因选取技术方法不同而使得计算结果大相径庭。所以，有必要对技术方法的理论来源进行梳理，以便增强今后计算的准确性与科学性。本书试图从经济学角度来研究森林生态补偿的标准和机制，为补偿政策的实施提供理论依据。

对价格的分析是微观经济学的核心，森林生态补偿标准的定价机制也是整个森林生态补偿理论的核心。在经典经济学中，任何商品的价格都是由商品的需求和供给这两个因素共同决定的。正因如此，对森林生态补偿标准的制定需从收益和成本两个理论角度来考虑，以改进目前相关研究中重复计算的问题。

2.3.1　收益理论

对森林生态系统服务的收益涉及对其服务的需求，因此收益理论中首先需回顾的是需求理论。在西方经济学中，将对商品的需求定义为消费者在一定时期内以各种可能的价格水平愿意且能够购买的该商品的数量。商品的需求曲线表示商品的需求量与价格之间呈反方向变动的关系。

收益被亚当·斯密在《国富论》中定义为"那部分不侵蚀资本的可消费的数额"，在这本书里，收益被看成是财富的累积增加。一些经济学家继承、发展了这一理念。马歇尔（2009）在经典著作《经济学原理》中，将亚当·斯密的收益观引入企业，提出区分实体资本和增值收益的经济学收益思想。20世纪初，美国经济学家费雪（2017）进一步丰富了这个理论。他在《资本和收入的性质》中，首先从表现形式上定义了收益，同时还指出三种不同的收益形态：①精神收益——精神上获取的满足；②实际收益——物质财富的增加；③货币收益——增加资产的货币价值。在以上三种收益中，有的是可以计算的，有的是不可计算的。一般认为精神收益由于较强的主观性而难以计算，而货币收益若是一个不考虑币值变化的静态概念就会相对容易计算，实际收益为物质财富的增加，通常规定了明确的计算内容与方法，争议较小。

总收益（total revenue）是每个时期生产者总的销售额，即生产者销售一定数量的产品或劳务所获得的全部收入，它等于产品的销售价格与销售数量的乘积。经济学中总收益指一种物品的买者支付从而卖者得到的毛收入，用该物品的价格乘以销售量来计算。总收益与该物品是否具有需求弹性有关，当需求缺乏弹性时，价格与总收益同方向变动；当需求富有弹性时，价格与总收益反方向变动；当需求是单位弹性时，价格变动，总收益不变。

收益理论中的支付意愿（willing to pay，WTP）是指消费者接受一定数量的消费物品或劳务所愿意支付的金额，是消费者对特定物品或劳务的个人估价，带有强烈的主观评价成分。在环境质量公共物品的需求分析和环境经济影响评价中，支付意愿被广泛应用。在生态补偿中，支付意愿与接受补偿意愿是两个重要的参数，前者是指人们为了得到资源或环境舒适性而愿意支付的最大货币量，后者是指人们要求自愿放弃本可体验到的改进时获得的最小货币量。根据边际效用递减规律，在一定收入水平下，人们对享有环境质量的边际支付意愿也符合递减规律，用支付意愿表示的需求曲线是一条向右下方倾斜的曲线。

在基于收益理论的森林生态补偿标准定价问题中，消费者剩余一般作为评价需求方的经济福利变动的工具。消费者剩余是收益理论中的重要概念，它是指消费者愿意对一定量的商品所支付的价格，即需求价格与其实际支付的价格之间的差额，即消费者剩余 = 买方的评价-买方实际支付价格。

关于森林生态系统服务收益的计算方法众多，典型的是或有估价法、变形分析法和间接观察法。其中，在或有估价法中，直接评估方法有市场价格法和模拟市场法；间接评估方法有旅行法、享乐财产价值法和享乐工资价值法等，这些方法给生态补偿研究提供了方法和技术上的支持，但是也存在战略偏见、信息偏见、起点偏见和假定偏见等问题，评估方法的具体应用将在第 4 章中详细介绍。

2.3.2　成本理论

森林生态系统服务的成本涉及生态服务的供给概念，因此在西方经济学的成本理论中，首先需了解供给是指生产者在一定时期内在各种可能的价格下愿意而且能够提供出售的该种商品的数量。供给曲线表现出向右上方倾斜的特征，即供给曲线的斜率为正值。萨缪尔森和诺德豪斯（1999）认为成本指的是生产费用，即厂商在生产过程中的全部支出费用。在基于成本理论的森林生态补偿标准定价问题中，生产者剩余一般被视为评价供给方的经济福利变动的工具。生产者剩余是成本理论中的重要概念，它是指生产者因价格提高或者条件改变而相应地获得原价格或者在一定条件下的货币价值总剩余，即生产者剩余＝生产收入－生产成本。

马克思劳动价值论认为，商品价值是凝结其中的无差别的人类劳动，社会平均生产条件下生产这种商品的社会必要劳动时间可决定其价值。成本这一概念被马克思从商品生产的角度重新定义，他提出成本只是在生产要素上耗费的资本价值的等价物或补偿价值。劳动价值论在本书中的应用，就是从生产的角度来计算运营森林生态系统服务所耗费的社会必要劳动时间。他认为林业生产经营过程中可创造价值，可以从成本角度计算森林生态系统服务的价值，具体来说是计算营造、抚育森林生态系统的各项生产要素的投入，包括劳动力、林地、资本、技术等各种生产要素的投入。

劳动价值论是从人与人的商品交换关系中抽象出来的，其核心点在于强调价值是由劳动创造的。可依据劳动价值论计算森林生态系统服务的价值，这一理论基础不仅强调了劳动投入、土地等生产要素的贡献，同时也强调了资本、管理和技术等其他生产要素的贡献。其理论思想是，各种生产要素参与森林生态林业生产，可协调林业生产要素的分配，进一步提高劳动生产率，减少社会必要劳动时间。

对于成本的计算，主要分为以下几种。

经济学上所指的成本（cost），通常是指厂商为了得到相应数量的商品或劳动所付出的代价，主要包括显性成本（explict cost）和隐性成本（implict cost）。其中显性成本是指厂商进行某项经济活动时所耗费的货币成本，主要包括员工工资、购买原料及添置或租用设备的费用、利息、保险广告费及税费等。隐性成本是指厂商使用自有生产要素时所产生的费用。在森林生态补偿中，成本是指生态补偿项目中损失者的一种保留效用，这是生态补偿标准制定的基础。

对于执行周期较长的生态补偿政策，还必须考虑通货膨胀可能造成的贬值，这就涉及贴现与净现值的问题。例如，我国 1999 年开始实施的退耕还林项目，当时的补偿标准是每亩[①]50 元，主要补偿种苗和造林的费用。截至 2011 年，该项目已实施 12 年，农村居民消费价格指数已由 1998 年的 319.1 上升至 2011 年的 366.9；农民人均纯收入已由 1998 年的 2161 元上升至 2011 年的 6977 元。如果依然执行当时的标准，补偿金额就难以支付造林费用。

此外，在森林生态补偿中，有些直接成本在账面上难以出现。我国疆土辽阔，不同地区风土人情与饮食习惯等各不相同，这些文化与风俗习惯直接影响着个人的幸福观（谭秋成，2009）。如果生态补偿政策要求部分林区居民迁徙，这些移民就会脱离原来的生活社区，对他们而言新的居住环境十分陌生，当地人也可能会

---

① 1 亩≈666.7m²。

歧视他们，这些都需要重新适应与调整。因而对他们来说，不只有物质上的直接损失，也包括学习的成本支出、心理上的挫败感和孤独感，这部分成本的计算也不容忽视。

2.4　本章小结

本章内容是本书的立足点和理论基础。本章首先提供了森林生态系统等一系列相关概念，系统梳理了森林生态系统、森林生态系统服务与森林生态系统服务功能等几个相似概念的区别和联系等，界定了本书的主要研究对象是森林生态系统服务价值补偿；探讨了其生态经济学和行为经济学理论框架，包括公共物品理论、外部性和市场失灵、产权理论和心理学中的禀赋效应等，概括了收益理论与成本理论的概念内涵与主要评估方法，为森林生态系统补偿研究的开展奠定了科学的理论基础。综上所述，基于收益理论的生态补偿出发点是消费者的利益，基于成本理论的生态补偿考虑的是生产者投入等因素。

第3章 基于森林生态系统服务价值的补偿标准评估体系

3.1 评估体系的构建原则

基于第 2 章中提出的森林生态系统服务价值补偿的理论框架，森林生态系统服务价值补偿评估体系应当遵循以下原则。

（1）全面系统原则。森林生态系统服务价值补偿标准的评估是个庞杂的工程，因此选择评估指标和计算评估标准的过程务必遵循全面系统原则。评估指标需尽可能全面地反映系统的主要特点和状况，以实现准确评估森林生态系统服务价值的目的。

（2）客观性原则。森林生态系统服务价值的评估体系十分复杂，现有研究选取角度各有差异，因此，在选取评估体系以及计算方法时，务必秉承客观性原则，以准确还原森林生态系统服务的价值。

（3）科学性原则。森林生态系统服务价值的评估框架务必正确分析评估对象的内涵与外延，评估对象与范围的确立、评估方法的选择、评估体系的构建等都应具有科学性。

（4）普适性原则。选择的评估指标应尽可能涵盖已出现的问题，在不同的空间区域与动态阶段内都可运用研究方法对森林生态系统服务价值做出普适性评估。

（5）可比较性原则。研究体系中各类指标，要进行标准化，以便可以对不同区域、不同时间范围内的森林生态系统服务价值进行比较。

3.2 评估体系的构建与比较

在本书的研究中，补偿标准的确定是核心问题，研究内容主要包括标准上下限、补偿等级划分、等级幅度选择、补偿期限选择、补偿空间分配等。补偿标准的计算过程中所依据的理论基础各有不同，计算角度各有区别，采用方法来源不清，导致计算结果的千差万别，直接影响补偿的效果和可行性。本书认为，补偿标准是生态效益、社会接受性、经济可行性的协调与统一，补偿标准的决定因子应具有多元性。

　　在我国当前的经济水平下，不可能完全根据生态系统服务的价值来确定补偿标准，因为生态系统服务的类别十分广泛，其理论价值量往往是天文数字，不是现实财力所及。但是，森林生态系统服务价值的计算是诊断与保护森林生态系统的重要步骤，是科学管理森林生态系统的基本依据，也为相关部门制定诸如森林生态补偿的环境经济政策提供了理论基础。现阶段政府财力有限，可能无法提供庞大的财政支出，但可以通过制定财政预算时间表或其他渠道筹措资金等方式尽量向补偿标准靠近。

　　对于基于成本理论还是基于收益理论对补偿标准进行计算，学术界也一直存在争议。一些研究认为基于成本理论的补偿标准是以保持森林生态系统健康、持续发挥服务功能为基础，分析森林生态系统所需的各项成本，进而确定森林生态系统经营管理过程中需要提供多少补偿费用。在这种计算方式中，有关基础设施投入成本的计算争议较少，它们一般可通过市场来确定。例如，郑海霞和张陆彪（2006）认为生态补偿标准是从成本角度进行估算，是生态服务价值增加量、支付意愿、支付能力三个方面的综合；谭秋成（2009）也认为生态补偿项目的成本是确定生态补偿标准的基础，即只要把生态保护和建设的直接经营成本，连同部分或全部机会成本补偿给经营者，则经营者就能够获得足够的动力参与生态保护和建设，从而使全社会享受生态系统所提供的服务。也有学者认为部分或者全部机会成本也应纳入成本中计算，补偿过程中森林生态系统损失的主要是补偿放弃森林生态系统其他用途的费用，所以应该将这部分费用也合并计算。例如，毛显强等（2002）认为如果是用来支付产权主体环境经济行为的机会成本较容易达成，这些费用可以通过市场定价来评估，并根据此种行为方式的机会成本的大小来确定补偿的额度。

　　主张对成本进行补偿的学派认为森林是一种公共物品，森林的经营单位应当是公益性组织，这些组织不应以营利为目的，但所需要的费用应当得到补偿。另一些学者则认为应从收益理论的角度来计量生态补偿标准，如金蓉等（2005）认为补偿标准取决于损失量（效益量）、补偿期限以及道德习惯等因素；李文华等（2007）主张应从森林的生态系统服务的效益角度来计量森林的生态补偿标准。

　　其他一些研究则认为应该从成本理论与收益理论来综合考虑，如宋晓华等（2001）提出应结合成本理论与收益理论以确定生态补偿的标准，这也是本书的出发点。理论上，补偿标准的下限应该为保护者因放弃开发利用损失的机会成本与新增的生态管理成本之和，补偿标准的上限为受益者因此获得的所有收益。如果不考虑森林生态系统服务的价值，那么生态受益者所获得收益就无从计算，这样的补偿标准往往违背了社会公平正义的原则。因此，本书对森林生态系统服务价值评估的比较研究既在一定程度上肯定了生态保护者损失的机会成本，又能量化受益者的收益，为补偿标准的计算提供了参考。

除此之外，本书认为目前对于森林生态系统服务价值与补偿标准之间的耦合关系还存在以下问题：①空间分配不够细致，缺乏与3S①技术的融合；②缺乏动态的补偿研究和贴现的考虑；③缺乏等级划分和幅度选择方面的研究。本书基于收益理论与成本理论进行比较分析，期望可以优化动态贴现和补偿等级与幅度的问题。

3.2.1　森林生态系统服务价值分类

要评估森林的收益与成本，特别是环境收益与环境费用，必须要先了解环境资源价值的含义，在此基础上，才有可能对社会经济活动的环境影响给予充分准确的评价。关于森林生态系统价值的构成与分类，不同的学者有不同的观点与分类方法，目前，代表性研究大致为以下四类。

（1）两分型分类。"舒适型资源的经济价值理论"由 Krutilla（1967）提出，他还在与 Fisher 合著的《自然环境经济学：商品型和舒适型资源价值研究》中，将商品性资源和舒适性资源统称为环境资源，并着重分析了舒适性资源的价值以及相关的评估问题，这是目前环境价值构成理论中两分型分类的重要依据之一。李金昌（1999）将马克思的劳动价值论和西方效用价值理论结合起来，建立了环境价值理论。环境资源价值统称为环境价值，环境能够提供满足人类生存、发展以及享受所需的物质性产品和舒适性服务，因而环境是有价值的。环境价值首先取决于它对人类的有用性，其价值大小则决定于它的稀缺性（体现为供求关系）和开发利用条件。不同的丰度、品种、质量、地区和时间都对环境价值的大小有所影响。

环境价值理论将环境价值一分为二，其中一部分是比较实的，有形的物质产品价值；另一部分是比较虚的，无形的舒适服务价值，并将环境资源分为商品性资源和舒适性资源。价值 = 有形的资源价值 + 无形的生态价值，其中，生态价值主要是生态系统服务的价值，也是将其分为各项单项服务分别计算，再进行加总（图3-1）。

图 3-1　两分型分类

（2）三分型分类。将森林生态系统价值分为存在价值、经济价值及环境价值三种（图3-2）。

---

① 3S 为遥感（remote sensing，RS）、地理信息系统（geographic information system，GIS）和全球定位系统（global positioning system，GPS）的统称。

图 3-2　三分型分类

在三分型分类方法中，存在价值是指森林以天然方式存在时表现的价值。这是生态领域的价值。这种价值的惠益者是地球上所有生命，而不只是人类。从森林资源可持续发展的意义上来说，这一价值的惠益者将贯穿整个人类历史。

经济价值是指作为人类利用（主要是消耗性利用）的生产要素所具有的价值。森林生态系统服务的经济价值能够以货币方式来表达，资源稀缺性、附加劳动和消费者偏好等因素可以在市场中决定其大小。

对人类排放各种废弃物的接纳容量被称为环境价值。从生态学意义上所说的接纳容量由森林生态系统对废弃物的降解能力所决定，通常被称为环境容量。当与具体的经济活动所产生的废弃物排放联系在一起时，环境容量表示的环境价值可能同时具有直接的货币价值，但在大多情况下，特别是污染排放量超过环境容量甚至具有破坏性影响时，直接的经济评估是不充分、不全面的。由此人们通常会采用货币型和实物型两种方式来表达森林生态系统的环境价值。

（3）四分型分类。将森林生态系统服务价值分成四类，即森林生态系统服务价值包括资源价值、科学研究价值、审美价值、生态价值（图 3-3）。

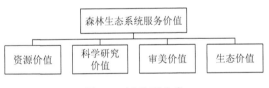

图 3-3　四分型分类

在四分型分类的方法中，森林生态系统的资源价值是指森林生态系统中各类林产品、非林产品资源所具有的资源价值，科学研究价值是指森林生态系统自身所具有的对现今和未来生态科学、生态经济学、环境经济学所提供的研究价值，审美价值是指森林生态系统作为一种特有景观所具有的景观价值和游憩价值，生态价值是指森林生态系统作为陆地上最大的生态系统所为人类提供的各类生态系统服务的价值。四分型分类方法为我们的研究提供了一种新的思路，即科学研究和审美的价值也可从收益的角度来进行考量，并将其实现货币化。

（4）五分型分类。根据资源环境经济学中的定义，森林生态系统服务价值公式为：森林生态系统服务价值（TEV）= 使用价值（UV）+ 非使用价值（NUV）=［直接使用价值（DUV）+ 间接使用价值（IUV）+选择价值（OV）］+［存在价值（EV）+ 遗赠价值（BV）］。

美国经济学家弗里曼（2002）的观点是五分型分类方法将环境资源遗传给自己的继承人或后代的愿望、自然资源保护的使命感、责任感以及保留将来使用的选择权等也有所考虑与吸纳。森林生态系统服务价值（TEV）共分为两个层次五类价值，具体来说，第一个层次是使用价值（UV）和非使用价值（NUV），第二个层次以第一个层次为基础，进一步细化为直接使用价值（DUV）、间接使用价值（IUV）、选择价值（OV）、存在价值（EV）和遗赠价值（BV）（图3-4）。

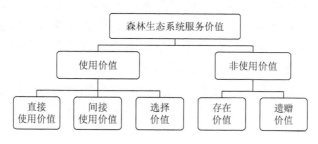

图 3-4　五分型分类

在森林生态系统服务价值的五分型分类中，森林被使用或被消费时满足人们某种偏好的能力被称为使用价值，可以分为直接使用价值和间接使用价值。直接使用价值是指森林资源直接满足人们的生产和消费需要的价值，如木材、中草药和蜂蜜等非林产品等，都属于森林的直接使用价值。森林的间接使用价值是指森林提供生态环境服务的价值，这种价值不能直接纳入生产与消费的过程，但在一定程度上支撑与保障了生产和消费，如保持生物多样性、水源涵养等。选择价值指的是即使当前没有人使用环境，人们也愿意将其保留在未来使用的选择权，选择价值反映的是保留未来可能使用的一种潜在性的意愿（Tietenberg，2000），具体来说就是消费个体为一个未使用的资产愿意提供的费用，如支付费用以保护生物多样性，以备未来可能的用途。

非使用价值被认为是某种环境物品的内在属性。非使用价值可以分为存在价值和遗赠价值两类。存在价值定义是某一个物种或环境由于存在而体现的价值，与它本身有无用途无关。例如，很多人因担心不再有机会亲眼见到热带雨林等，就同意出钱保护。遗赠价值的定义是自然资产留给后代的价值。

以上关于森林生态系统价值分类的四种方法是逐渐细化的分类过程。第一种分类虽便于定量计算，但是分类较为概括。第二种分类比较简单，提供了分析森林生态系统服务价值的新思路。第三种分类较为详细，为理解森林生态系统服务的价值提供了全新的角度，即强调了科学研究的价值和审美的价值不可忽视。第四种分类相对细致，对于理解森林生态系统价值所包括的内容、范围以及意义有所启迪，但几种价值之间，特别是存在价值、遗赠价值和选择价值之间界限模糊不清，定量计算的难度较大。基于此，本书以第四种分类方式为基础，也对其他三种价值分类方法有所借鉴，并把各项内容综合以便定量计算。

从理论上来说，各项价值都应以实物、货币的形式体现在评估框架中。只是由于计价计算的困难，现有研究一般只计算直接使用价值，包括市场和准市场的产品，这些产品大多有直接的市场价值，或者是其价值可根据相关的市场化产品和服务估算。本书基于收益-成本理论对使用价值、非使用价值及选择价值进行评估（表 3-1）。

表 3-1 森林生态系统服务价值分类

森林生态系统服务价值		森林产品与实例
使用价值	直接使用价值	林产品、非林产品、森林游憩、放牧、打猎等
	间接使用价值	水源涵养、保育土壤、营养物质累积、固碳释氧、生物多样性保护、净化空气等
非使用价值	存在价值	森林生态系统的固有价值
	遗赠价值	留给后代的遗赠价值
选择价值	选择价值	未来的直接使用价值
		未来的间接使用价值

使用价值包括直接使用价值和间接使用价值，直接使用价值包括森林生态系统提供的林产品、非林产品等；间接使用价值包括森林生态系统的各类服务价值，如水源涵养价值等。

非使用价值包括遗赠价值和存在价值，遗赠价值指的是可以留给下一代的自然资源价值；存在价值指的是森林生态系统的固有价值包括保护生物多样性，与上文中的间接使用价值有一定重合，在评估的时候要特别注意。非使用价值的收益评估虽然并不包含在目前的森林系统评估体系内，但为了尽量准确地界定生态补偿标准，本书会采用意愿调查法将这部分的价值尽量还原。

选择价值是指维持未来有选择地直接或间接使用森林的价值，是直接可以通过人们意愿界定的一项价值，可以通过意愿调查法来进行评估。尽管目前的森林生态系统评估体系中并不包括选择价值，本书认为应该在森林生态补偿标准的评估中对这部分单独进行计算。这一价值分类理念，可以帮助我们在一定程度上理解森林生态系统服务价值的概念，也有利于进一步系统认识森林生态系统服务价值。

3.2.2　基于收益理论的森林生态系统服务价值补偿标准评估体系

2.2.2 节已经讨论过森林生态系统服务大多属于公共物品，具有经济的正外部性，在市场机制下，森林生态系统服务不能以价格体现，会导致市场失灵。森林生态补偿的实施就是政府激励公共物品供给的体现，森林的生态补偿标准问题也是森林生态系统服务价值的定价问题。

在收益理论中，如果用市场需求曲线 D 表示森林评估地区人口对森林产出的需求，对森林产出或等货币的商品需求为 x，其需求价格为 P（图 3-5）。在此，假设对森林产出的需求为 x_1，需求价格为 P_1，则总的支付意愿为 OP_0Ex_1 的面积，即为产出 x_1 所带来的收益，用 B 表示。它包括用 R 表示的森林产出的收益 OP_1Ex_1 和用 CS（custom surplus）表示的消费者剩余 P_0EP_1。其中

$$B = \int_0^{x_1} P(x)\mathrm{d}x \tag{3-1}$$

$$R = P_1x_1 \tag{3-2}$$

$$\mathrm{CS} = B - R \tag{3-3}$$

通过式（3-1）～式（3-3）可以发现，只要能够模拟出森林的市场需求曲线，就能够分别算出森林产出的收益和消费者剩余。

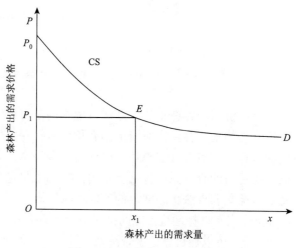

图 3-5　对森林产出的需求曲线

本书首先假设在完全自由竞争的市场下，森林经营者以追求自身利益最大化为目标，见图 3-6。

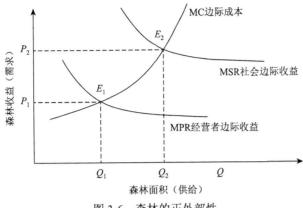

图 3-6　森林的正外部性

由于森林生态系统服务正外部性的存在，其社会边际收益（MSR）代表了经营者自身的收益以及社会共享的森林生态系统服务带来的效益，因此 MSR 高于经营者边际收益曲线（MPR）。当森林的经营者能够收回成本并获取社会平均利润时，即 MC = MR①时，MC 与 MPR 相交于 E_1 点对应的造林面积就是经营者愿意经营的产量 Q_1，此时经营者不会增加造林面积。为了达到最佳的 MSR 水平，即当 MSR = MC 时，政府必须提供更高的收益给经营者，使 MPR 与 MSR 完全重合，才能激励生产者将造林面积由 Q_1 增加到最佳造林面积 Q_2。由 E_1 到 E_2 相应增加的收益 P_1P_2 就是政府的激励额度，即森林生态补偿标准。

上述分析的假设条件为：在完全竞争的市场下，森林经营者是以追求个体利益最大化为目标的。在我国森林经营管理中，一般情况下通过森林获得的边际收益曲线较低，甚至低于边际成本曲线，不能与其交叉，政府需要加强补偿力度（图 3-7）。

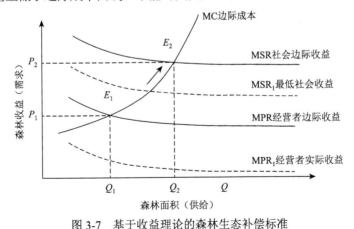

图 3-7　基于收益理论的森林生态补偿标准

---

① 经济学中将 MR 定义为边际收益，此处为了区分经营者与社会边际收益的不同，用 MPR 代表经营者的边际收益，用 MSR 代表社会的边际收益。

图 3-7 中，MPR_1 是实践中的森林经营者实际收益曲线，MC 高于 MPR_1。当政府采取激励政策使 MPR_1 向上移动到 MPR 时，与边际成本达到均衡，最低社会收益曲线 MSR_1 与 MPR 重合，这是补偿的最低限，否则经营者或者放弃经营森林或者采取加大采伐的方式以获取收益。在政府财力允许的幅度内，政府可以在 E_1 点基础上提高补偿额度，使 MSR_1 向上移动直至达到 MSR，此时森林的最佳经营面积 Q_2 既能改善生态环境，提供生态系统服务，又能够充分调动经营者的积极性。

宪政经济学创始人、诺贝尔经济学奖获得者布坎南（2009）认为，公共物品的分配不是通过市场途径，而是通过政治途径。私人物品的私人选择中，成本与收益的联系直接而真切。而关于公共物品的公共选择中，成本和收益的联系间接而疏远，因此需要一套公共选择程序尽可能密切二者的联系，使得二者的联系不为民主政治过程和官僚固有的预算最大化行为所扭曲。布坎南提出的根据收益来定价的方法对基于收益理论的我国森林生态补偿标准的评估有很大的借鉴作用。虽然理论背景、国情不一样，但并不影响他的理论在我国森林生态补偿的相关研究中做一些修正后的解释。

基于以上经济学理论基础，本书对基于收益理论的森林生态系统服务价值评估体系进行构建。现有研究显示，基于收益理论的评估一般是针对森林生态系统服务的产出进行评估，是针对其利润进行的补偿，而利润是与价值和价格有直接关系的。关于价格的制定我们会在第 4 章中明确测算，因此这里只对基于收益理论的价值进行评估与分类。首先了解以下几种关于收益的分类。

（1）收益 = 正常收益 + 非常性的利得和损失，两者之和为净收益。

西方经济学家认为利益应包括一些损失，这里面包括了成本的概念。对于基于收益理论的森林生态系统价值评估，本书只计算纯收益，而不是净收益，因此这个评估框架对本书研究的意义不大。

（2）Fisher（1892）指出，从经济学的概念出发，收益具有三方面的含义，即收益 = 心理满足的精神收益 + 获得服务（或物质）的实体收益 + 收到现金的货币收益（图 3-8）。

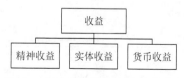

图 3-8　源自经济学概念的收益分类

在森林生态系统收益评估中，精神收益一般为人们所获得的感官上的享受，所接受到的文化、教育等；实体收益一般是指森林所提供的生态系统服务价值的实际收益；货币收益一般是指实际生产交易中存在的货币交易产生的收益，即森林的林木等产品的销售额。这个分类较好地解释了精神和实体方面的收益的存在，但是涵盖内容有所重复，名称也不够科学。

（3）森林生态系统总收益＝经济收益＋生态收益＋社会收益（图 3-9），是目前比较普遍的一种分类方法。这个分类方法较全面地考虑了森林在经济、社会和生态方面的收益，避免了重复计算和涵盖不全面的问题，但是生态系统中一些内容的计量方法在目前研究中并没有涉及，所以在第 4 章中会有一定的改进。

结合森林生态系统的总价值框架，本书中对此评估框架会做一定的充实与解释，具体研究内容可见 3.3 节。

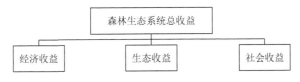

图 3-9　森林生态系统总收益

基于收益理论的价值核算主要是对森林生态系统的存量与流量赋值的问题，在这个问题中，定量研究与定性研究是相结合的，那么对于整个框架的建立，每个评估指标的比重问题是完全等值还是占据不同权重，这个问题在本书中将采用层次分析法（analytic hierarchy process，AHP）来进行探讨。

3.2.3　基于成本理论的森林生态系统服务价值补偿标准评估体系

在成本理论中，森林生态系统投入的成本费用曲线就是森林生态系统的供给曲线，用 x 表示森林产出的供给量，P 表示森林产出的供给价格，S 表示森林供给曲线（图 3-10）。假设森林产出的供给量为 x_2，供给价格为 P_2，则供给曲线下面的面积 OP_1Ex_2 为森林投入的成本费用（C），面积 P_1EP_2 为生产者剩余，用 PS 表示。森林投入的费用和生产者剩余之和为森林产出收益 R，用公式表示为

$$R = C + PS \tag{3-4}$$

新古典经济学一般是基于成本理论中的边际成本来进行定价，基于成本理论的森林生态补偿标准定价过程见图 3-11。基于成本理论来定价是古典经济学和计划经济的主要标志之一。这种成本定价的方法具有一定的合理性，但忽略了需求与竞争因素的存在，在长期的经济发展过程中会产生惰性和低效。在不完全竞争的市场条件下，垄断行业和大宗商品（因为缺乏其他参照物）依然采用成本定价的方法。由于计划经济时期的影响与体制的制约，至今我国大多数产业依然沿用这一思维定式和定价模式，现行的生态补偿标准也是基于成本理论进行计算得出的。

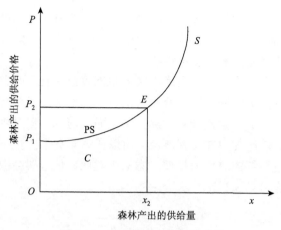

图 3-10　对森林产出的供给曲线

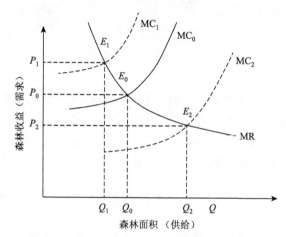

图 3-11　基于成本理论的森林生态补偿标准定价图

在图 3-11 中，如果森林生态补偿标准是基于成本理论进行计算的，当森林经营的边际收益不变时，边际成本的改变将影响森林经营的收益大小，进而改变补偿标准的值的大小。

根据上述理论，本书对基于成本理论的森林生态补偿标准价值评估体系进行构建。对于基于成本理论的评估框架可以大致分为以下四类。

（1）西方经济学中的成本理论：总成本＝显性成本＋隐性成本（范里安，2015）（图 3-12）。

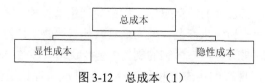

图 3-12　总成本（1）

在西方经济学的成本理论中，成本主要是指为了获得某种收益而必须为之付出的代价。将成本分为显性成本与隐性成本两类来进行评估，其中，显性成本是指厂商在要素市场上购买或者租用的所需要的生产成本的实际支出，是企业支付给企业以外的经济资源所有者的货币额，也就是计入账内，看得见的实际支出，主要包括支付的生产费用、工资费用和市场营销费用等，因而它是有形成本。从某种意义上说，显性成本反映的是实际应用的成本，可以在产品价值中得到反映并具有可直接计算的特点。显性成本是指厂商本身自己所拥有的且被用于企业生产过程的那些生产要素的总价格。在森林生态系统中，显性成本可具化为森林管护的人员工资、购买原材料及添置林业设备的费用、利息、保险费、广告费以及税费等。隐性成本是相对显性成本而言的，是一种隐匿于企业总成本之中的成本，是由于企业或员工的行为而有意或无意造成的具有一定隐蔽性的将来成本和转移成本，是成本的将来时态。隐性成本则包括林农自己投入的资金的利息等。

（2）总成本理论：总成本（Y）= 物质成本（C）+ 劳动力成本（V）+ 环境成本（E）（图 3-13）。

图 3-13　总成本（2）

总成本理论研究的是森林资源在人类活动作用下的整个环境系统、物质系统的循环过程，并对成本的特性、范围和内容给出定义的一种成本理论（蒋洪强和徐玖平，2004）。它更侧重于环境资源的成本计算问题的研究，使人们从空间和时间角度来考虑成本因素与计算方法，以准确计算环境资源的耗费，解决产品成本真实性的问题。总成本理论认为产品成本应当是由环境费用、物化劳动和活劳动构成。产品在生产过程中所耗用的物化劳动的货币表现是物质成本；在生产过程中所耗用的活劳动的货币表现是劳动力成本；生产过程中所耗用的环境费用的货币表现是环境成本。

（3）生态补偿成本：总成本 = 直接成本 + 机会成本 + 发展成本（图 3-14）。

图 3-14　总成本（3）

　　直接成本包括直接投入和直接损失。直接投入是为了保护与修复生态环境而投入的人力、物力和财力（谭秋成，2009）。在森林生态补偿中，直接投入包括造林成本、育林成本和管护成本等。直接损失是为了纠正生态系统服务的外部性或为了实现生态服务交易而给当地居民造成的损失，如关闭的工厂等一些其他的基础设施。

　　机会成本是由资源选择的不同用途产生的。例如，在退耕还林项目中，把原来种植农作物的林地用来植树种草，给林农带来的收入上的损失就是机会成本。机会成本是目前国际上生态补偿重点考虑的因素。

　　发展成本主要是生态保护区为了保护生态环境、放弃部分发展权而产生的损失。也可能是个人因生态保护而牺牲的发展机会。由于社会的经济环境和市场的复杂与不确定性，森林生态系统的发展成本无法预测。但是，假定劳动力、资本可以流动，在别的地方或别的行业挣得市场工资、平均利息和利润报酬，森林生态系统损失的发展机会就主要体现在税收和政府公共品提供的能力上。通过财政转移支付，当地居民与周边地区或全省享受同等的教育、医疗、养老、低保、治安等公共服务，发展成本应该能够得到相应弥补。

　　（4）生态补偿成本：总成本＝生产成本＋机会成本（图3-15）。

图3-15　总成本（4）

　　在生态补偿成本由生产成本与机会成本组成的理论中，造林等成本构成了森林的生产成本（陈钦，2009）。在我国，造林成本主要是人工成本，近两年我国农村人工成本上升幅度较大，这对森林供给产生不利影响。机会成本指的是森林的多种用途引起的损失。近年来，林权制度改革不断深化，林木价格也逐步上升，导致补偿的机会成本的提高。

　　在以上关于成本的四种分类中，第一种分类外延最广，概念最普遍，应用最广。第二种分类方法较为细致，为理解森林生态系统服务的价值提供了全新的视角，即强调了劳动力的成本不可忽视。第三种分类相对细致，对于我们理解森林生态系统的成本所包括的内容、范围和深远意义大有启发。第四种分类方法比较简略，为我们提供了理解森林生态系统价值的新角度。但在几种分类中，特别是在机会成本与环境成本之间的界限比较模糊，目前难以进行准确的定量计算。综上所述，在以上四种森林生态系统成本分类的方法中，本书以第三种成本分类为基础，同时参考借鉴其他三种成本的分类方法，并在定量计算时综合考虑了各项内容。本书基于成本理论对以下成本进行计算，即森林生态系统总成本（TC）= 直接成本（DC）+ 间接成本（IC）+ 机会成本（OC）（图 3-16）。

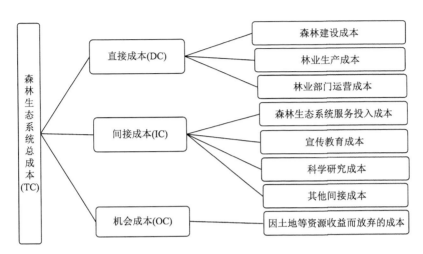

图 3-16　森林生态系统总成本

成本理论的评估主要的难点在于贴现与贴现率如何确定的问题，3.4.4 节将主要针对贴现率的选择进行深入研究，具体方法为采用 Pearl 生长曲线、居民消费价格指数和恩格尔系数进行相关计算。

3.3　基于收益理论的评估指标

基于收益理论的森林生态补偿标准的价值评估框架，主要是对森林的产出与收益的评估，针对从森林生态系统中获得的主要物质产品与生态系统服务价值等收益进行计算。

3.3.1　经济收益指标

根据 3.2.2 节的研究，在收益理论的评估框架中，经济收益可以用林产品收益、非林产品收益及放牧打猎收益等来进行评估（图 3-17）。经济收益体现为由森林生态环境提供的直接或间接的经济报酬。

对于林产品、非林产品的收益评估，可根据历年的全国与地方森林资源调查和林业统计年鉴、专项调查以及国民经济核算资料获得相关数据。其中，木材是主要的林产品，将林产品分为林木、原木、薪材和竹、藤来进行计算。非林产品分为植物产品和动物产品分别来进行计算，其中，植物产品又可分为干果、浆果、

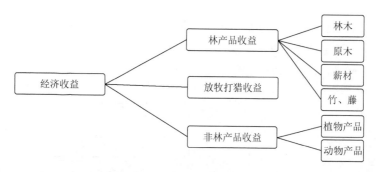

图 3-17　森林生态系统的经济收益

菌类、笋类、花卉类、中药材类等；动物产品则分为麝香、鹿茸、蜂蜜、蜂蜡等产品。将放牧打猎收益，如狩猎、养殖的动物、禽类的毛皮、肉等产品收益单独进行计算。由于部分非林产品的收益不会因为生态补偿而丧失，所以在具体计算区域补偿标准时需要考虑扣除多少的问题，这一点需要引起注意。

3.3.2　生态收益指标

生态收益主要是指对森林生态效益的评价。如 1978 年日本林野厅对日本 7 种类型的森林生态效益进行了经济价值的评估，其价值为 910 亿美元，相当于日本 1972 年全国的经济预算。我国自 20 世纪 80 年代开始森林生态服务及其价值的评价工作，主要借鉴、采用国外的方法。1983 年，中国林学会率先开展了对森林综合效益的研究，第一次全面地对我国森林资源水源涵养、防风固沙、净化空气价值进行评价，拉开了我国生态服务评价的帷幕。随后很多学者从不同角度、不同尺度开展了森林生态服务价值的估算（周晓峰和张洪军，2002；欧阳志云等，1999b；李金昌，1999；谢高地等，2001；赵同谦等，2004）。随着经济和社会的快速发展和人民生活水平的提高，生态需求已逐步上升为现代人的第一需求。森林所提供的生态服务已经越来越受到全社会的关注和认可。作为从收益角度评估的间接使用价值，森林生态系统服务价值也在理论研究中引起了高度的重视。

生态收益指环境治理带来的整个环境生态情况的改观和优化，一个明显特征是实现水资源、空气、土壤、植被等生态因子的良性循环。作为基础收益的生态收益辐射性较强，会产生一系列的社会收益和经济收益。

结合我国对森林生态系统服务价值的确认和所具备的资料基础，本书讨论的生态收益评估指标主要为以下评估内容。

第一，所覆盖的生态系统服务包括了固土保肥、水源涵养、固碳释氧、防风固沙、净化空气和生物多样性保护等方面。其他诸如控制有害生物、为农作物授粉和卫生保健等方面的作用则没有纳入评估范围。对于森林游憩的收益计算，也归为生态收益，而不是社会收益，主要是为了统一与目前通行的国家林业局林业行业标准进行比较，下文不再特别说明。

第二，在各个服务类别中，不是笼统地包括所有有关服务，而是按照评估收益的可操作性、可实现性，确定具体的评估对象。

第三，对于基于收益理论的补偿标准评估，森林生态系统服务价值主要基于收益理论来进行评估，以便和 3.4 节中基于成本理论的评估分别进行比较（图 3-18）。

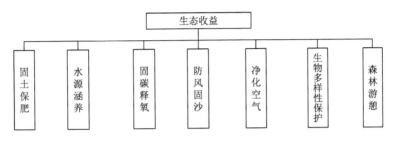

图 3-18　森林的生态收益

对于收益角度进行的森林生态系统服务价值的评估，首先需要对森林生态系统服务中的各个概念进行回顾。

固土保肥指的是森林地上和地下的综合作用产生的根系改良、固持和网络土壤的服务，主要有以下几个方面：林冠可以拦截相当大数量的降水，减少降水和径流对土壤的侵蚀和冲击；林冠及地被物可以保护土壤免受破坏性雨滴的机械破坏作用，防止山体滑坡和其他泥石流的灾害；林木枯落物层可以提高土壤的入渗力，抑制地表径流的形成，减少林地和周边农田及草原的肥力损失；地下根系相互交错，与土壤紧密地联系在一起，可以对土壤起到机械固持的作用，减少水土流失造成的河道和水库的泥沙淤积。

水源涵养是指森林通过乔木层、灌草层、地被物和根系—土壤层等，对大气降水截留、吸收、储存、过滤、下渗以及土壤蒸发和植被蒸腾等再分配过程，包括：削减洪峰，减少洪水发生；调节径流时间，补充枯水期径流，增加可利用资源；净化水质和调节水量等。森林与水的关系非常密切，森林水源涵养对防止洪灾和淡水资源危机十分重要。

固碳释氧是指森林通过光合作用将大气中的 CO_2 固定成碳水化合物，这些植物体的一部分以枯枝落叶和枯死木的形式进入土壤后，经过一段时间的分解，又以 CO_2 的形式回到大气中。因此，构成了有机碳在大气系统—森林植被—土壤—大气系统中的循环。另外，森林的光合作用过程在吸收 CO_2 的同时，释放了大量的氧气，氧气是人类和生物赖以生存的重要物质。陆地生态系统中，森林生态系统是对碳吸收储存最为有效的方法。森林固碳释氧有助于环境稳定、减少水土流失、增加区域性降雨等，在全球气候变化中发挥着重要的作用。

防风固沙是指对农田和防护林等发挥的生态防护的服务，包括：由于风的流动被树干和树叶阻挡，近地层风速大幅度降低，在一定范围内减轻了风害；林木的枯枝落叶及根系也可以固结和庇护表层沙粒，因此临界风速值有所提高，抗风蚀能力有所增强，起到了防风固沙的作用；森林林冠还可以拦截相当大数量的降雪，减少降雪进入林地，防止产生雪崩等机械破坏作用；沿海防护林护岸、护堤减轻了海啸和台风的危害。

净化空气是指森林生态系统通过吸收、过滤、阻碍、分解等过程将大气中的有毒物质（如 SO_2、HF、NO_x、粉尘、重金属等）降解和净化，降低噪声，并提供负离子等的服务。森林不仅为人类提供立木资源和土地资源，还具有净化环境的功能。

生物多样性指的是多种动植物在森林中生存与繁衍，森林是它们的栖息地，也是最多样的生物物种库和基因库。森林生物多样性保护也称物种保育，主要包括基因保护、动植物种保护和森林生态系统保护，从而实现物种保育的服务。研究森林生物多样性的收益，是森林生态收益的一个重要方面。

森林游憩是森林为人类提供了休闲和娱乐的场所，具有使人消除疲劳、身心愉悦和有益健康的服务。森林游憩是旅游学研究的重要内容，它是旅游资源的质与量、开放利用容量、旅游对环境的影响以及旅游资源对旅游活动贡献的经济价值。对于森林游憩的收益评估主要是根据全国森林资源清查数据和全国林业统计年鉴，并结合相关调研的一手数据得出，主要需要的数据有森林公园的数量、面积、森林旅游的人数，以及森林旅游的收入等。森林生态系统服务的内容将随着人们对森林生态系统认识的加深和评价方法的发展而不断拓展丰富。

鉴于评估方法与数据的有效性，本书重点评估以上七种森林生态系统服务的收益情况（表3-2）。值得注意的是，基于收益理论来对森林生态系统服务价值进行评估，就要计算这些服务所带来的无形收益，也就是间接使用价值，在方法的选择上关键是要避免与基于成本理论的方法混淆不清，对于评估方法的选取，将在第4章中重点分析。

表3-2　基于收益理论的森林生态系统服务分类评估内容

生态系统服务类别	生态服务作用	评估内容
固土保肥	地下根系与土壤结合，为林地周边土壤输送营养物质	固土收益；保肥收益
水源涵养	对大气降水的阻滞和调节，对枯枝落叶的过滤，起到净化水质的作用	调节水量收益；净化水质收益

续表

生态系统服务类别	生态服务作用	评估内容
固碳释氧	通过光合作用吸收二氧化碳,并将大部分碳储存在植物体和土壤中,释放氧气	固碳收益;释氧收益
防风固沙	通过树干、林冠作用,减轻风速,起到防风固沙固堤的作用	农田等防护收益;沿海防护林收益
净化空气	具有吸收污染物、滞尘、灭菌、降噪的作用	提供负离子收益;吸附污染物收益
生物多样性保护	为各类物种生存和繁衍提供适宜场所,为生物进化提供条件	森林物种资源保护收益
森林游憩	为人类提供休闲娱乐的场所	森林游憩的收益

3.3.3　社会收益指标

所谓社会收益,就是指人类从森林生态系统中所获得的感官享受与学习、科研、教育的收益,这部分的收益不能够直接计量,一般通过一定的量化方法将其货币化。通过总结有关文献资料中对森林社会收益的主要评估内容(表 3-3),本书认为森林人居环境的改善给公众带来的福利水平与生活质量的显著提高属于森林的社会收益的范畴,可从科研教育收益、人居健康收益、社会发展收益、就业收益等方面加以衡量(图 3-19)。

表 3-3　森林社会收益评估综述(张颖,2004)

研究者	森林社会收益评价内容	资料来源
刘文俊	社会公平、社会凝聚力、社会参与等	刘文俊,1997
联合国粮食及农业组织	就业机会、创造收入、文化价值、精神财富	联合国粮食及农业组织,1997
陈锡康	劳动力投入、精神和文化价值,游憩、游戏和教育,健康与安全等	陈锡康,1992
陈锡康	林业提供或创造就业机会	陈锡康,1992
刘广全等	劳动生产率、劳动生产力利用率、人民生活水平的提高等	刘广全等,1997
张宏建	林业所提供的就业	张宏健,1998
张颖	增强体质、充分发展劳动器官、感觉器官与思维器官,提高社会凝聚力与社会公平参与等,培养宗教、文化、传统、习惯等	张颖,2004
周晓峰和张洪军	美学、心理、游憩、纪念和科学	周晓峰和张洪军,2002
侯元兆	景观游憩、科学文化、防灾减灾、国防、就业、改善经济发展环境、健康	侯元兆,2002
张祖荣	环境美化、疗养保健、就业、固碳释氧、提高生产率、促进社会文明进步	张祖荣,2001

图 3-19　森林的社会收益

　　科研教育收益主要是指根据目前与森林相关的科研教育情况所获得的收益，人居健康收益指的是森林周边居民的居住环境与人均寿命、身体状况改善所获得的收益，社会发展收益是指森林的管护与生态补偿政策的实施，给周边的社会环境与发展提供的收益，就业收益是指森林周边或者与森林相关行业的就业情况的收益。社会收益不可忽视，其计算过程有一定的复杂性，本书将对这些收益提供相应的简化计算，以衡量其价值。

3.3.4　收益指标的权重与修正

　　在收益理论的指标体系中，并不一定能对所有收益进行简单加总，因此有必要对收益进行整合分层分析。在森林生态服务收益实践中计算各种不同生态服务价值所采用的各种方法，其所依据的理论基础是有差异的，用这些方法算得的各项生态服务价值结果的可加性是值得怀疑的（张涛，2003）。基于收益理论的森林生态效益评估主要是对人们主观效用的评估计算，因此可以通过人们的主观评价来分析经济收益、生态收益及社会收益三个部分在总收益中占多少权重的问题。由于森林生态系统的复杂性与服务的重叠性、模糊性，本书认为层次分析法可较好地分析、计算与赋值权重。

　　20 世纪 70 年代初，层次分析法由美国运筹学家、匹兹堡大学的萨迪（Saaty）教授提出，它是一种定性分析与定量分析相结合的方法，通过分析来确定每部分的权重层次，目前广泛应用于经济管理、环境、农业等多个领域。层次分析法在对多目标和多层次的决策选择方面有着极佳的应用效果。此方法的核心是需要建立两两比较的矩阵，一般选择研究领域内的专家学者进行打分赋值，这些专家学者要对打分的领域有丰富的知识储备，并且要具备一定的判断力与前瞻力（姜宏瑶，2011；王昌海，2011）。

　　层次分析法能将复杂问题层次化，并依据研究性质与要达到的目标，将研究问题逐层分解为不同的要素，同时按各要素之间的从属关系和相互关联度进行分组，构成一个互不相交的层次。上一层次的要素对紧邻的下一层次的全部或部分元素起着支配作用，由此形成一个由上至下的逐层分配结构。并通过两两比较这一结构来确定计算的综合权重，得到最低层因素对最高层（总目标）的重要性权值并加以排序，最后根据排序结果进行规划决策并选择解决问题的措施（秦寿康，2003）。

层次分析法具体的应用步骤如下。

第一步，建立评价层次结构，构造基于收益理论的森林生态补偿评估框架指标体系，具体的层次结构见表 3-4。

第二步，构造两两比较的判断矩阵，对每一个层次的各要素通过两两比较，进行相对重要性的判断，并构造判断矩阵见表 3-4。

第三步，层次单排序以及一致性检验，层次单排序是指与上一层次某要素有关联的本层次要素之间重要次序的排列，层次单排序一般采用计算判断矩阵的特征根和特征向量的方法进行。

表 3-4　层次分析矩阵 B

A	B_1	B_2	$\cdots$	B_n
B_1	1	b_{12}	$\cdots$	b_{1n}
B_2	b_{21}	1	$\cdots$	b_{2n}
$\vdots$	$\vdots$	$\vdots$		$\vdots$
B_n	b_{n1}	b_{n2}	$\cdots$	1

假设 $W = (w_1, w_2, \cdots, w_n)$ 是矩阵 B 的特征向量，它表示 B 层要素的权重，而 n 为矩阵 B 的特征值，则求解式（3-5）即可求出权重 W。

$$(B - nI)W = 0 \qquad (3\text{-}5)$$

一致性指标 CI（consistency indicators）的计算公式为

$$CI = \frac{\lambda_{max} - n}{n - 1} \qquad (3\text{-}6)$$

当 CI = 0 时，判断矩阵为一致性矩阵。另外，还需根据表 3-5 判断矩阵的平均随机一致性指标 RI 和根据式（3-7）计算随机一致性比率 CR，当 CR<0.1 时，此时判断矩阵 B 具有满意的一致性，否则需对其做适当的修正。

$$CR = \frac{CI}{RI} \qquad (3\text{-}7)$$

表 3-5　判断矩阵 RI 值

n	1	2	3	4	5	6	7	8	9	10	11	12	13	14	15
RI	0	0	0.52	0.89	1.12	1.26	1.36	1.41	1.46	1.49	1.52	1.54	1.56	1.58	1.59

第四步，层次总排序，一般从上而下，逐层顺序进行。对于最高层，其层次单排序为总排序，对准则层和方案层要根据计算得到的组合权重进行层次总排序。

第五步，进行总体评价。根据检验以后的总排序结果，选取具有最大的组合权重的方案为最优方案。

在对收益理论的评估框架进行层次分析评价时，可以反映不同组成部分收益的贡献程度。在评价中，可以把总收益作为目标层次 A，把经济收益、生态收益和社会收益作为指标层 B，进一步细化指标层 B，将经济收益细化为 3 项指标、生态收益细化为 7 项指标、社会收益细化为 4 项指标共 14 项指标作为方案层 C，经过专家调查，分别确定每项指标的影响大小，最后得出总的层次排序。将权重赋予各个部分的收益，最后比较计算出的补偿标准值。

3.4　基于成本理论的评估指标

基于成本理论的评估主要是对森林的投入与成本的评估，主要考虑对生产经营的物化劳动与活劳动中必要劳动的补偿。基于成本理论对森林生态补偿标准进行计算，是目前理论学界大多数学者赞同的观点，原因在于目前的生态补偿标准主要是以森林经营的生产者的投入成本进行计算的。

根据 3.2.3 节中对成本理论的评估框架的总结、回顾与提炼，本书对基于成本理论的评估框架按照直接成本、间接成本与机会成本三项分别进行研究。

3.4.1　直接成本指标

改革开放以来我国先后启动了 17 个林业重点工程，有效地推动了森林绿化事业的发展。这些工程的建设是对我国林业建设工程的系统整合，也是对林业生产力布局的一次战略性调整。对这些工程的管理与运营、维护都需要投入大量的人力、物力和财力，这些需纳入直接成本的计算。

对森林生态系统的直接成本的计算包括林业生产成本、林业建设成本和林业部门运营成本三大类。其中，林业生产成本指的是在林业生产过程中对林木的前期投入如化肥、农药等，对管护的投入等；林业建设成本指的是目前林业重点工程中具体实施的投入，如将经济林转化为公益林过程中产生的成本等；林业部门运营成本主要包括林场、林业管理部门、护林管理等部门的人员工资支出和一些基本办公的开支。

综上所述，根据我国森林生态系统的实际运营状况与目前开展的林业重点工程运营情况，森林生态补偿的直接成本主要包括：①森林建设成本；②林业生产成本；③林业部门运营成本（图 3-20）。

图 3-20　直接成本

3.4.2　间接成本指标

森林生态系统的间接成本主要包括三类,分别为森林生态系统服务投入成本、宣传教育成本、科学研究成本,以及其他间接成本(图 3-21)。其中,森林生态系统服务投入成本主要为森林生态系统服务的维护成本。在森林生态系统服务维护成本中,主要依据森林的生态系统服务的不同类别来分别进行计算,可以参考的是 3.3.2 节中的七项评估指标。一些研究者认为,对森林生态系统服务的维护成本不应计入间接成本中,原因在于可能会导致夸大计算、重复计算等问题。本书认为,为了更全面评估森林生态系统服务的成本,有必要将其单独列为一类进行计算,一方面是可以更好地与收益进行比较研究,另一方面也有助于人们全面认识森林生态系统服务中投入与产出之间的关系。需要注意的是,在实际的补偿标准制定过程中,有必要对这一部分指标进行筛选以保证补偿标准的准确性。

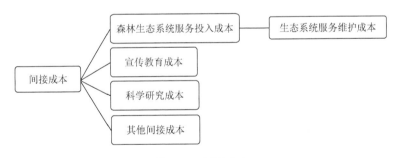

图 3-21　间接成本

对生态系统服务成本的评估如表 3-6 所示,固土保肥主要评估的是固土和保肥的成本;水源涵养主要计算的是调节水量和净化水质的成本;固碳释氧主要计算的是固碳成本和释氧成本;防风固沙主要计算的是农田等防护成本与沿海防护林成本;净化空气主要计算的是森林提供负离子和吸附污染物的成本;生物多样性保护计算的是森林对物种资源进行保护的投入成本;森林游憩主要计算的是森林提供的游憩服务所投入的成本。在这七项服务类别中,对于固土保肥、水源涵养、固碳释氧、净化空气这几项服务的成本计算比较抽象,需要运用一定的计算方法进行转化,另外三项生物多样性保护、森林游憩和防风固沙的成本比较直观,可以从森林管理部门对野生动植物保护的投入、救治等成本，森林旅游的维护与投入，以及对沿海、农田、林地等的防护投入来直接进行成本计算。

表 3-6　基于成本理论的森林生态系统服务评估内容

森林生态系统服务类别	评估内容
固土保肥	固土成本
	保肥成本
水源涵养	调节水量成本
	净化水质成本
固碳释氧	固碳成本
	释氧成本
防风固沙	农田等防护成本
	沿海防护林成本
净化空气	提供负离子成本
	吸附污染物成本
生物多样性保护	森林物种资源保护成本
森林游憩	森林游憩的成本

宣传教育成本，主要指的是森林生态系统在发展过程中对周边居民、工作人员、管理人员、游客等进行的文化教育与宣传等方面的投入。宣传教育的目的主要是让人们认识自然，了解森林生态系统的重要性。因此，森林相关管理部门通过电视媒体、报纸、杂志等媒体传播贯彻保护森林内的景观资源及野生动植物资源的文化理念。宣传教育的成本也包括对科研的投入成本，森林的科学研究本质就是为了更好地保护森林。研究需要付出成本，科学研究的成本投入取决于科研经费，因为科研经费支撑着整个科学研究的始终。所以森林科研经费的投入也计入这一类中。

间接成本中除了以上两类，还包含一些不可见成本，这些成本统称为其他间接成本，主要是指森林管护机构固定资产的折旧费用及森林管护机构对当地社区交通电力等公益性的支出与建设。

3.4.3　机会成本指标

本书将机会成本的计算纳入基于成本理论的评估框架中。机会成本一词最早由奥地利学者维塞尔（1982）在《自然价值》中提出，对于机会成本的含义学术界认为是选择该决策而不选择另一决策时所需放弃的东西。萨缪尔森和诺德豪斯（1999）认为：机会成本是指为了得到某种东西而所要放弃另一些东西的最大价值；也有学者的观点是机会成本则是由资源选择不同用途而产生的（谭秋成，2009）。机会成本的概念说明任何稀缺的资源的使用过程总会形成机会成本，即为了这种使用所牺牲掉的其他使用能够带来的益处（图 3-22）。森林生态补偿制度的建立会形成机会成本，即放弃林地等资源造成的损失费用。森林生态补偿中的机会成本一般包括土地利用的机会成本和人力机会成本两部分，目前研究重点偏重于前者。秦艳红和康慕谊（2007）认为普遍认可、可行性较高的确定补偿标准的方法是基于成本理论对补偿标准的研究，机会成本统计的不完全、农民的损失被低估是补偿不足的真正原因。尽管学术界对机会成本的内涵与外延的认识存在差异，但他们普遍认同以机会成本作为补偿标准下限的观点（侯元兆等，2008）。

图 3-22　机会成本

　　本书认为成本中需要包括部分或者全部机会成本，补偿经营过程中所造成的损失费用，主要是补偿放弃其他发展机会的损失，从而获得足够的动力参与生态保护和建设。具体来说，就是在没有实施森林生态补偿的情况下，林地可以用来种植，也可用于林业生产以及企业生产等，这些用途都可以产生大量的损失费用。为了研究与计算的方便，考虑到机会成本的多用途性，本书认为可将森林生态系统的面积乘以单位林地面积的损失费用值，得到的结果即为森林生态系统的机会成本。

3.4.4　成本指标的贴现与校正

　　对于基于成本理论的补偿标准的评估，目前最大的问题是如何进行贴现与确定贴现率。因为成本计算的时间跨度较大，贴现率如何确定也是本书重点关注的问题。

　　到目前为止，我们所进行的分析对于那些不必考虑时间因素的方案是非常有效的，然而目前所做的许多决策都会影响到未来，时间是一个重要的因素，随着时间累积，当投入成本与进行计算的时间可能发生在不同时间节点时，我们如何做出选择？为了比较不同时间的成本，需要引入贴现的概念。

　　现有的自然资源与环境经济学理论中，对于贴现的问题，一般采用的方法是将整个林业生产过程中的所有投资性支出按照社会的贴现率平摊到各年，以各年的平均成本作为补偿的最下限。一般采用的公式如下：

$$PVC = \sum_{i=1}^{n} \frac{C_i}{(1+r)^i} \qquad (3-8)$$

式中：PVC 表示总成本费用现值；C_i 表示第 i 年的费用；r 表示社会贴现率；n 表示生产周期。对于贴现率的选择，在现在和未来都会是一个重要问题。正如我们看到的，贴现率也是资源在代际配置中的一个重要因素。经济学家一般用政府债权的长期利息率作为衡量资金成本的一种手段，然后再用与项目风险有关的风险溢价进行调整，调整的幅度由分析研究人员自己斟酌决定。贴现率能够影响某项目或政策，可能会导致政府部门选择各种各样的贴现率来证明他们的计划或项目是合理的，这就给科学研究带来了很大的误差。运用贴现方法计算的另一个缺点在于这个值一般很小，所以大多数研究中将它作为补偿的最下限。

由于贴现率的不准确性与不科学性，本书选用另外的方法修正计算结果。众所周知，森林生态系统提供的价值巨大，一般是现实经济系统生产价值的几十倍甚至几百倍。由于不同国家、不同地区的经济发展水平不一致，对所有的森林生态系统服务价值进行补偿也难以实现。因此，补偿标准应是基于区域发展水平的一定比例的生态系统服务价值，经济发展水平高的国家或地区对生态服务价值的利用比水平低的国家或地区"消费"更多的森林生态系统服务，可考虑以较高的比例制定补偿标准。

美国生物学家和人口统计学家 Pearl 在 1920 年提出了 S 型生长曲线模型，主要用于生物繁衍、人口发展的统计与趋势推断，尤其适用于处于成熟期的商品或技术的发展趋势的研究与推断。式（3-9）中，参数 L、a、b 为正数，y 为发展阶段系数。Pearl 生长曲线的数学模型为

$$y = \frac{L}{1 + ae^{-bt}} \qquad (3-9)$$

在计算过程中，取 $L = a = b = 1$ 来进行简化，得到 Pearl 生长曲线的简化形式（李金昌，1999）：

$$y = \frac{1}{1 + e^{-t}} \qquad (3-10)$$

从式（3-10）可看出，当 $t \to -\infty$ 时，$y = 0$，社会生产发展水平很低，人们对生态社会效益相对支付意愿为零；当 $t \to +\infty$ 时，$y = 1$，此时社会生产发展水平很高，人们的相对支付意愿水平很高，换言之，此时的现实补偿等于理论补偿。所以无论从总体变化的趋势还是从 y 的取值区间来看，此模型都代表了人们对森林生态系统服务价值补偿的支付意愿与社会经济发展水平之间的关系。

对社会经济发展水平和人民生活水平的量化，可通过恩格尔系数（En）来衡

量（高素萍等，2006）。根据相关研究，一般 En＞60%为贫困阶段，50%～60%为温饱阶段，30%～50%为小康水平阶段，20%～30%为富裕阶段，＜20%为极富裕阶段，如表 3-7 所示。

表 3-7　恩格尔系数与社会经济发展阶段的对应关系（李金昌，1999）

社会经济发展阶段	贫困阶段	温饱阶段	小康水平阶段	富裕阶段	极富裕阶段
En/%	＞60	50～60	30～50	20～30	＜20
$T = 1/En$	＜1.67	1.67～2	2～3.33	3.33～5	＞5

实际计算中，通常以 En 的倒数来代替时间坐标，并进行$(En)^{-1} = t + 3$ 的转换，从而确定恩格尔系数与社会经济发展阶段之间的关系。根据统计年鉴中各地生活消费支出与食品消费支出的统计数据，可求得发展阶段系数 y，并将其代入原来计算的值中，求得新的调整后的值。

需要指出的是，尽管恩格尔系数表示的是一个家庭食品消费支出占其生活消费总支出的比例，确实能在一定程度上反映一个家庭甚至国家的贫富程度。但是反映一个阶段内特定区域居民生活水平的应是一组指标，而不仅是恩格尔系数。

同时要注意的是，因为 Pearl 生长曲线、恩格尔系数等考虑的只是居民消费中用于食品支出的那一部分，而关乎生态系统服务的还有居民的健康、医疗、教育等方面的支出，因此利用 Pearl 生长曲线的计算结果偏大，使得生态效益补偿执行起来难以实现，缺乏合理性和可操作性，所以在实际计算过程中我们还需要适当关注健康、医疗和教育等方面的支出。

需要指出的是，在设计的指标中，宣传教育的成本费用属于较难得到的数据资料，因此本书仅计算为保护物种及环境而付出的宣传费用，主要包含宣传与演讲、发放宣传材料、刻制的光盘等投入的费用，这是一种近似的替代计算。

3.5　本 章 小 结

本章是本书的重点，也是核心部分。本章首先提出了森林生态补偿标准的评估体系的构建原则，并介绍森林生态系统价值的构成与基于收益理论和成本理论的评估体系，随后较为全面地分析了两个框架内包含的指标。在第 4 章中，本书将针对这些指标的具体研究方法进行筛选与比较。

通过对基于收益理论与成本理论的森林生态补偿标准评估体系的比较分析，本书认为基于收益理论的评估体系比基于成本理论的评估体系范围略大，这与目前理论界的观点是基本一致的。需要注意的是，对于基于收益理论还是成本理论来研究森林生态补偿，学术界一直有所争议。本书运用收益与成本的比较分析，其本质是试图把森林生态系统放到基于现实的模拟市场中，从需求和供给两方面来考虑，目前这种方法很少被用来估计自然与环境资源，但是本书认为这一方法有极大的潜在用途，这将在第 4 章对具体评估方法的研究中有更详细的论述。

第4章 评估方法

以第 3 章对补偿标准的评估框架进行比较分析的内容为基础，本章主要研究采用技术方法来计算补偿标准的问题。本章首先在第 3 章研究的基础上对目前使用的方法及来源进行了梳理，依据第 3 章的讨论成果进一步以收益理论与成本理论作为理论依据区分了评估方法，并简述这些方法之间存在何种区别与联系，以增强森林生态系统服务价值评估方法的科学性与实用性，提高森林生态补偿标准计算的可信度。

4.1 概　　况

目前，大多数研究主要采取直接市场法、替代市场法和假想市场法等对森林生态系统的价值进行评估，并据此确定补偿额度（表 4-1）。依据市场进行分类的方法强调了市场的重要地位与作用，但是由于需求和供给区分不清晰，有可能存在重复计算的问题。

表 4-1　常用的森林资源评估方法

森林资源评估方法	计算方法	内容概述	方法学特征	
			价格参数	计算途径
直接市场法	费用支出法	直接利用市场价格对森林生态服务进行经济价值计量，如参观森林景观的直接支出费用	市场价格	直接价值计量
	人力资本法	对森林减少有毒气体、净化环境引起的人力健康损失减少	市场价格	损失减少计量
	生产函数法	对森林生态系统服务引起的农业增产以及其他方面生产效率提高或成本的节约	市场价格	增产净价值计量
	生产成本法	提供树林生态产品所投入的成本，如营造生态林的成本	市场价格	投入计量
替代市场法	旅行费用法	利用观察到的旅行成本揭示旅行者的支付意愿和消费者剩余，从而得到森林的景观价值	市场价格	间接计量消费者剩余
	防御费用法	为了防止环境破坏或恢复环境所需的费用	市场价格	恢复成本
	享乐价格法	通过生态服务对工资、特定事物的价格的影响间接计算生态服务这种影响因子的价格	市场价格	间接推断单个环境因子的价格
假想市场法		在不具备市场价格的前提下，通过支付意愿的调查确定生态服务的价格	意愿型价格	直接询问

　　国外学者一般将价值分为使用价值和非使用价值来对其方法进行分类（表 4-2）。泰坦伯格（2003）在《环境与自然资源经济学》一书中将衡量环境与资源价值的经济学方法分为揭示偏好法和陈述偏好法，并从直接和间接的角度来对其进行计量（表 4-3）。一般来说，如果依据收益和成本对方法进行分类，其中基于收益的计量方法有：市场价格法、支付意愿法（人们的效用评价）；基于成本的估价方法有：生产函数法、享乐价格法。2005 年以后 MEA 的分类被广泛引用，但这个分类中存在大量的重复计算的问题（Ojea et al.，2010）。

表 4-2　依据价值分类的评价方法

评价方法	分类类型	方法简介	适用类型	生态系统服务举例
市场价格法	使用价值	对失真的市场价格调整，如税收、补贴和非竞争性实践	食品、林产品、研发收益	谷物、家畜、多用途林地等
生产函数法	使用价值	评估区别于生态系统服务作为生产过程中的输入的生产服务	基于生态管理和栖息地服务对经济活动和生活环境的影响，包括避免损失成本	维护有益物种，保护耕地和农业生产率；支持水产业；阻止侵蚀和淤积的损害；重补地下水；排水系统和天然灌溉；风暴防护；减轻洪涝
防御成本法	使用价值	计算避免生态系统服务降级所产生的成本	风暴损失；清洁水供应；气候变化	排水系统和天然灌溉；风暴防护；减轻洪涝
避免行为法	使用价值	对避免损失支出的检查	对人类健康的环境影响	污染治理和解毒作用
显示偏好法	使用价值	检查与生态系统相关物品的支出（例如，旅行成本；在低污染地区的所有权价格）	娱乐；对居住地性能和人类健康的环境影响	维护有益物种、具有生产性的生态系统和生物多样性；风暴防护；减轻洪涝；净化空气；提供和睦安静的工作地点
揭示偏好法	使用价值和非使用价值	使用调查问卷来询问个体，让他们对不同水平的环境物品的不同价格做出选择，揭示他们对那些环境物品愿意支付的价格	娱乐；环境质量对人类健康，保持收益的影响	水质量、物种保护、防洪、空气质量，提供和睦安静的环境

表 4-3　衡量环境与资源价值的经济学方法（泰坦伯格，2003）

方法	揭示偏好法	陈述偏好法
直接	市场价格、模拟市场旅行成本	条件价值评估基于特征的模型
间接	特征资产价值	联合分析
	特征工资价值	选择试验
	预防支出	条件排序

　　从国内研究来看（表 4-4），欧阳志云等（1999b）认为可以将计量方法分为依据影子价格和消费者剩余的替代市场法和依据支付意愿或者净支付意愿的模拟市

场法两类。市场价值法、享乐价格法等都属于替代市场法，模拟市场（假设市场）法主要包括条件价值法等。

表 4-4　国内学者的评价方法与分类依据

分类依据	典型方法	具体内容	引用来源
影子价格、消费者剩余	替代市场法	费用支出法和市场价值法、机会成本法、旅行费用法、享乐价格法	欧阳志云，1999b
支付意愿、净支付意愿	模拟市场法	条件价值法等	
直接使用价值	市场分析法、生产率损失法、资产价值法、旅行费用法、替代与恢复成本法、条件价值法		张志强等，2003
间接使用价值	损失成本法、生产函数法、防护费用法、重新选址法、替代与恢复成本法、资产价值法、条件价值法		
非使用价值	条件价值法		
收益理论	替代市场法和市场价值法		戴栓友，2003
成本理论	恢复费用法、环境保护投入费用评价法		
价值理论	生态系统服务价值法、生态效益等价分析法		李晓光等，2009
市场理论	市场法		
半市场理论	意愿调查法、机会成本法、微观经济学模型法		
已市场化部分	市场价值法、交易价值法		孟祥江和侯元兆，2010
准市场化部分	替代价格法、效益转移法、损失成本法		
未市场化部分	替代工程法、重置成本法、交易价格法、支付意愿法、防护费用法、效益转移法、人员工资法、定性描述法		
收益	影子工程法、替代价格法、市场价值法		肖建红等，2012
成本	机会成本法、影子价格法、防护费用法		

　　张志强等（2003）在 Turner 等的研究成果基础上，总结了森林生态系统服务价值评估的参考性方法，依据直接使用价值、间接使用价值和非使用价值的分类，将市场分析法、生产率损失法、资产价值法、旅行费用法、替代与恢复成本法、条件价值法归为直接使用价值的计量方法；间接使用价值的计量方法包括损失成本法、生产函数法、防护费用法、重新选址法、替代与恢复成本法、资产价值法和条件价值法；非使用价值中的存在价值与遗产价值主要使用条件价值法进行计量与评估。

戴栓友（2003）基于收益理论与成本理论，将计算方法分为两类，其中，基于收益理论的计量方法主要有替代市场法和市场价值法，后者主要是指没有支出却有市场价值的环境效益价值评估；基于成本理论的计算方法主要有恢复费用法和环境保护投入费用评价法。

李晓光等（2009）依据价值理论、市场理论与半市场理论对方法进行分类，他们认为价值理论主要包括生态系统服务价值法、生态效益等价分析法，市场理论主要有市场法，半市场法理论主要有意愿调查法、机会成本法和微观经济学模型法。

孟祥江和侯元兆（2010）按照已市场化部分、准市场化部分和未市场化部分对计量方法进行归类，其中，已市场化部分主要采用市场价值法、交易价值法来进行计量；准市场化部分主要采用替代价格法、效益转移法和损失成本法进行计量；未市场化部分主要采用替代工程法、重置成本法、交易价格法、支付意愿法、防护费用法、效益转移法、人员工资法和定性描述法，并结合相关定性描述进行计量。

肖建红等（2012）的观点是补偿标准主要是综合计算机会成本、增加的收益（或者减少的损失）、支付意愿或者补偿意愿与支付能力等方面。他们的分类依据是成本与收益，并采取市场价值法、影子价格法以及防护费用法等进行计算。其中，基于收益的方法主要有影子工程法、替代价格法、市场价值法等；机会成本法、影子价格法、防护费用法等属于基于成本的方法（戴广翠等，2012；戴君虎等，2012；杜宗义等，2011；方瑜等，2011；吴水荣，2003）。

通过归纳与总结可以看出，目前国内外关于生态补偿领域的研究数量众多，但是关于计算方法的理论依据众说纷纭，未有统一的结果，理论上的重合与杂乱不一也带来了一些重复与研究盲区，如基于收益理论与成本理论的方法不够全面，基于其他理论的方法在定义上有所重叠，理论来源与依据均不统一，研究者研究的角度较为单一和方法不够全面等问题，给生态补偿标准的确定带来了很大的困难与误导（段晓峰和许学工，2006；费世民等，2004；冯新，2010）。本书在第 3章评估框架的基础上，旨在重新梳理技术方法，以增强方法的准确性、科学性、完备性，为后续研究提供一定的参考。

4.2　基于收益理论的评估方法

在第 3 章的主要内容中，将基于收益理论的森林生态补偿标准的评估框架分为了 3 个部分，分别为经济收益、生态收益与社会收益。基于收益理论的技术方法（简称收益法）可用于评估森林生态系统的经济、生态及社会三项效益的预期收益并转换为森林总收益的现金形式。采用收益法进行评估，所确定的价值是指为获得效益所支付的货币总额。为避免重复，在经济收益中主要对林产品、非林产品收益评估方法及放牧打猎收益评估方法的研究；生态收益包括对森林生态系统服务价值的评估方法的研究；社会收益包括对科研、就业、健康及社会发展等社会收益的评估方法的研究（图 4-1）。由于涉及指标众多，方法千差万别，因此本章的重点内容是梳理相关指标与方法。

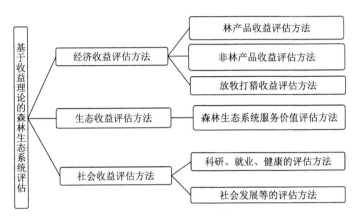

图 4-1　基于收益理论的评估框架

4.2.1　经济收益

本书将经济收益分为林产品收益、非林产品收益与放牧打猎收益三部分，对于这三部分的收益看似简单易算，然而在实际研究过程中依然存在分类与计量方法不统一等问题。目前，由于地域因素、林种、树种、林龄和造林方式（封山育林、飞播造林和人工造林）的不同，以及地方经济发展水平不同等因素的限制，补偿标准很难计算，所以需要对经济收益的评估方法进行标准化，以便为补偿标准的制定提供一定的参考。

（1）林产品收益包括林木收益、原木收益、薪材收益和竹材、藤类收益等。由于藤本类植物有些是一年生的，有些是多年生的，目前还没有关于此类植物体的经济价值评价方法，所以本书中将此部分统一到林木的收益中合并计算。经济收益评估方法主要有市场资料比较法和收益方式评价法等方法（表 4-5）。在这两种方法中，市场资料比较法是指对林产品的收益可以根据当年的全国或者该地区的林业统计指标中的相关收益估算得出，主要的数据来源是森林资源资产评估、全国和各地区的森林资源调查、林业统计年鉴和专项调查以及国民经济核算资料等；收益方式评价法一般是用当年该产品的销售价格乘以该地区该产品的产量来计算（甘晖等，2008；高岚等，2008）。

表 4-5　林产品收益评价的方法比较

方法	适用范围	主要优点	主要缺点	注意问题
市场资料比较法	任何林产品	客观反映林产品目前市场状况，评估结果易被接受	需要公开活跃的林产品市场；地区局限性较大	估价参数案例的选择
收益方式评价法	任何林产品	较真实、较准确反映林产品的价格	预期收益测算难度大；有主观判断	林产品每年要有稳定的收益

　　根据表 4-5 可知，收益方式评价法可以较准确地反映产品的价格，因此在本书中，对林产品的收益主要通过收益方式评价法来确定[①]。

$$U = \sum_{i=1}^{n} P_i Y_i \tag{4-1}$$

式中：U 表示林产品的经济收益，单位：元/a；P_i 表示该产品的单价，单位：元/kg；Y_i 表示该产品的年产量，单位：kg；i 表示产品的种类编号。

　　（2）非林产品收益是指森林中相关的动植物所得的收益，主要包括药材、菌类、动物等每年的产量和销售价格。对于野生动物所得收益部分在生态收益中对生物多样性的评估中给出具体的计算方法。从收益角度来说，主要通过相同近似产品法和直接市场评价法来计算。相同近似产品法就是采用在市场上销售的相同相似产品的价格来进行计算的方法。自产自用的林产品虽然主要是自用，但也会在当地市场上出售，这些当地价格就可用于非市场产品的估价。直接市场评价法，指的是通过市场价格数据来进行评估的方法。

　　非林产品是森林生态系统物质资料生产的重要组成因素，在林下经济大力发展的今天，非林产品已成为森林主要的产出。无论上市或自用的非林产品收益均采用支付生产者的市场平均批发价格来计算。在非林产品中，有些是自然生长的，有些是通过人工栽培或人工培育的，分布也较为分散，因此很难准确计算其年产量。因此本书只统计非林产品的实际采摘量，并与非林产品的市场批发价格相乘，最后计算得出收益值。公式为

$$U_{非林} = \sum_{i=1}^{n} W_i P_i \tag{4-2}$$

式中：$U_{非林}$ 表示非林产品年产出收益，单位：元/a；W_i 表示第 i 种非林产品的年产量，单位：kg；P_i 表示第 i 种非林产品市场平均价格，单位：元/kg。

　　对非林产品的估价存在争议。本书认为目前大多数研究低估了这部分产品的价值。森林周边居民如果不是依靠这些产品维持生计，改由市场或政府替代解决，则代价要高得多。

　　（3）放牧打猎收益主要指的是森林未进行生态补偿前，经营者对其进行的放

---

　　① 本章中的公式具体参数值可参考附录中的附表一。

牧和打猎活动所获得的经营性收入，这部分可以根据当年实际调研情况确定实际收入，具体用到的方法为实地问卷调查法等。

4.2.2 生态收益

森林除了为国民经济和人民生活提供丰富的物质产品以外，更重要的是提供生态服务。因此，生态系统服务的收益评估是森林生态系统价值计量的不可或缺的重要部分，也是本书的重点与关键。

目前对我国森林生态收益的计算方法的研究是生态补偿问题的热点。按照研究时间来划分的话，可以以国家林业局 2008 年 4 月 28 日发布的中华人民共和国林业行业标准《森林生态系统服务功能评估规范》（LY/T 1721—2008）为分界点，2008 年以前的研究大多是众学者依据国外研究和自身经验总结与归纳的森林生态收益的计算方法，2008 年以后至现在的研究则大多是依据国家林业局的林业行业标准来进行的计算。例如，欧阳志云（1999a）对陆地生态系统包括林地和经济林在内的生态效益评价的研究；米锋等（2003）对当时主要采用的方法及理论基础进行了一定的总结，并提出了存在的问题与建议；2008 年国家林业局的林业行业标准发布以后，涌现了大批以其为依据的森林生态效益的评价研究，这些研究大多依据国家林业局的方法对具体区域进行评价，如江西（王兵和鲁绍伟，2009）、辽宁（王兵等，2010）、海南（隋磊等，2012）等（表 4-6）。上述这些研究在时间、空间领域上有很大的进步，如开始重视动态的生态服务的评价（隋磊等，2012）。综上所述，现有研究虽然对生态收益的评价越来越规范，但是对其方法的理论来源问题的研究却不够深入。在森林生态收益的计算方法中，有些是对生态收益的计算，而有些却是对生态投入成本的计算，理论依据的不统一会造成很多的问题，如结果的不准确、不科学等，这也给补偿标准的确定带来了很大的误导和困难。本书将基于收益理论和成本理论，识别、判断与总结目前存在的方法上的问题，以期为生态补偿标准的制定提供参考。

表 4-6 国内森林生态收益评估方法体系比较

生态服务类别	生态服务作用	方法	引用来源
水源涵养	调节水量 净化水质	影子工程法	
固碳释氧	固碳 释氧	造林成本、碳税法 造林成本、工业制氧法	欧阳志云等，1999a
营养物质累积	氮、磷、钾等	生产力估算法	
净化空气	提供负离子 吸附污染物、滞尘	污染治理成本法 污染治理成本法	

生态服务类别	生态服务作用	方法	引用来源
固土保肥	固土 保肥	机会成本法	欧阳志云等，1999a
生物多样性保护	森林物种资源保护价值	没有涉及	
森林游憩	森林旅游相关指标	没有涉及	
水源涵养	调节水量 净化水质	等效价值替代法	米锋等，2003
固碳释氧	固碳 释氧	造林成本法、碳税法、避免灾害费用法、工业处理成本法	
森林防护		农田增产评价法	
净化空气	提供负离子 吸附污染物、滞尘	替代成本法、旅游收入部分替代法	
固土保肥	固土 保肥	费用分析法	
生物多样性保护		条件价值法、直接市场评价法、机会成本法	
森林游憩		政策性评价法、直接成本法、平均成本法、游憩费用法（费用支出法）、机会成本法、市场价值法、旅行费用法、条件价值法	
水源涵养	调节水量 净化水质	替代工程法	赵同谦等，2004
固碳释氧	固碳 释氧	造林成本法 工业制氧法	
养分循环	氮、磷、钾	化肥价格法	
净化空气	吸附污染物 滞尘	投资及处理成本法	
固土保肥	固土 保肥	机会成本法	
生物多样性保护		机会成本法、政府投入法、支付意愿法	
文化	休闲旅游	景点收入替代法	
涵养水源	调节水量 净化水质	水库造价替代法 自来水价替代法	《森林生态系统服务功能评估规范》（LY/T 1721—2008）
固碳释氧	固碳 释氧	碳交易价法 医用氧价格替代法	
森林防护	森林防护	减灾增产价值替代法	
积累营养物质	林木营养积累	化肥价格替代法	
净化大气环境	提供负离子、滞尘、吸收污染物、降低噪音	器械成本替代法 排污费替代法	
固土保肥	固土 保肥	灾害损失与治理成本替代法 化肥价格替代法	
生物多样性保护	物种保育	机会成本法	
森林游憩	森林游憩	未涉及	

续表

生态服务类别	生态服务作用	方法	引用来源
水源涵养	调节水量 净化水质	水库造价替代法 自来水价替代法	中国森林资源核算及 纳入绿色 GDP 研究 项目组，2010
固碳释氧	固碳 释氧	碳交易价法 医用氧价格替代法	
防风固沙	农田、牧场防护林 沿海防护林	农业减灾增产价值替代法	
净化空气	提供负离子 吸附污染物、滞尘	器械成本替代法 排污费替代法	
固土保肥	固土 保肥	灾害损失与治理成本替代法 化肥价格替代法	
生物多样性保护	森林物种资源保护价值	机会成本法 专家调查法	
森林游憩	森林旅游收入替代	综合旅游收入替代法	
水源涵养	调节水量 净化水质	替代成本法	方瑜等，2011
固碳释氧	固碳 释氧	造林成本法、碳税法 造林成本、工业制氧成本法	
营养物质保持	氮、磷、钾	影子价格法	
净化空气	提供负离子 吸附污染物、滞尘	市场价值法 替代成本法	
固土保肥	固土 保肥	机会成本法	
生物多样性保护	生物多样性保护	支付意愿法	
森林游憩	休憩娱乐	旅行费用法	

综上所述，随着时间推移，学术界对于森林生态价值的指标划分趋于精细，对应的研究方法定位也趋于准确。但这些方法依然没有基于收益理论和成本理论的划分，方法的名称也不够准确，如影子价格法既包括了替代成本法也包括了替代市场价格法等，影子价格法本身就是指用相同或者同类产品的价格来替代其本来要计算的产品的价格，既可以计算影子成本，也可以计算影子收益。基于收益理论，本书对生态收益的评估方法进行分析，意图在于给相关研究提供一些参考。

1）水源涵养

森林水源涵养服务表现为：截留降水、缓和地表径流、改善水质与防止水温变化等。森林水源涵养的价值主要是调节水量和净化水质的价值。森林水源涵养价值的计算方法主要有差值法和影子价格法；也有研究运用水量平衡法首先计算森林水源涵养能力，再运用影子价格法对其间接经济价值进行计算。

　　目前基于收益理论对森林的水源涵养服务进行评估的技术方法主要有目标收益法、收益替代法和收益还原法。目标收益法又称为投资收益率定价法，该方法可以确保实现给定的目标利润，一般用于市场占有率较高或具有垄断性质的厂商。目标收益法的缺点是没有考虑自由竞争的因素和市场的需求状况。收益替代法和收益还原法分别从森林水源涵养的服务和效益入手，对水源涵养价值进行计算，由于经济参数和计算方法不同，其结果会产生一些差异。

　　本书分析认为采用改进的收益还原法会比较符合实际情况，收益法的本质是根据纯收益与还原利率来确定价格，由于森林生态系统服务的纯收益难以估计，本书采用由收益法派生出的收益还原法对森林水源涵养的收益进行计算。收益还原法多应用于估计收益性地产的价值，在对具有较明显的自然属性的水资源价格计算中的应用较少。具体途径可以通过假设水库收益，选用能够反映当年经济水平的收益还原率计算森林水源涵养的价值。

　　对调节水量的收益参考了森林区域降水量减去森林区域林分蒸散量和地表径流量等参数来计算，再利用水库单位面积的收益（包括养殖、旅游、灌溉等方面的收入）来计算调节水量的收益，计算公式为

$$U_{调} = 10 T_{库} A (P - E - C) \qquad (4\text{-}3)$$

式中：$U_{调}$ 表示林分年调节水量的收益，单位：元/a；$T_{库}$ 表示水库经营的单位面积收益，单位：元/m³；A 表示林分面积，单位：hm²；P 表示降水量，单位：mm/a；E 表示林分蒸散量，单位：mm/a；C 表示地表径流量，单位：mm/a。

　　对于净化水质收益的计算采用等价收益法来进行计算，相当于森林水源涵养的净化水质的收益通过自来水的等价收益可以计算得出，计算公式为

$$U_{水质} = 10 K A (P - E - C) \qquad (4\text{-}4)$$

式中：$U_{水质}$ 表示林分年净化水质的收益，单位：元/a；K 表示自来水的价格，单位：元/t。

　　2）固土保肥

　　第 3 章中已介绍，森林固土保肥主要是指减少土壤侵蚀与泥沙淤积、减少土壤肥力流失和培育土壤。生态环境部南京环境科学研究所采用潜在土壤损失法计算得出我国森林每年平均保土价值为 9773 亿元。吉林环境保护科学研究所通过替代工程法计算长白山森林保土价值为年均 167 亿元。翟中齐（1996）首先提出经济效益法，他认为防护林收益主要包括防护林的增产收益与林副产品的产出收益，可以用防护林的增产收益来间接地衡量森林的保肥价值。

　　本书将固土保肥分为固土和保肥两项指标来进行评价。特别指出在保肥指标中，将营养物质的累积也归纳进来计算。

通过等价收益法来计算森林固土的价值。根据有林地与无林地的年土壤侵蚀量差值，确定森林防止土壤侵蚀量，并用农田产值与农田开发收益来计算固土收益。计算公式为

$$U_{固土} = A(C_{农} + C_{土})\left(\frac{X_2 - X_1}{\rho}\right) \tag{4-5}$$

式中：$U_{固土}$ 表示林分年固土的收益，单位：元/a；$C_{农}$ 表示农田的产值，单位：元/(hm^2·a)；$C_{土}$ 表示土地开发以后的年收益，单位：元/(hm^2·a)；X_2 表示无林地土壤侵蚀模数，单位：t/(hm^2·a)；X_1 表示有林地土壤侵蚀模数，单位：t/(hm^2·a)；ρ 表示土壤容重，单位：g/m^3。

运用市场价值法来对保肥进行计算，本书用市场销售的化肥价格来计算营养元素的市场价格。由有林地的固土量和森林土壤中氮、磷、钾及其他有机质含量计算森林的营养物质和肥料的保持量，其价值用化肥市场价格来表示，计算公式为

$$U_{肥} = A(X_2 - X_1)\left(\frac{NC_1}{R_1} + \frac{PC_1}{R_2} + \frac{KC_2}{R_3} + MC_3\right) \tag{4-6}$$

式中：$U_{肥}$ 表示林分年保肥的收益，单位：元/a；N、P、K 分别表示森林土壤中平均的氮、磷、钾含量，单位：%；M 表示土壤中有机质的含量，单位：%；C_1、C_2、C_3 分别表示化肥磷酸二铵、氯化钾、有机质的价格，单位：元/t；R_1、R_2、R_3 分别表示化肥磷酸二铵含氮量、磷酸二铵含磷量、氯化钾含钾量，单位：%。

3）固碳释氧

树木相对于其他植被类型而言，具有较大的体积和较长的生命周期。森林每单位面积的碳储量是农田的 20～100 倍。因此，森林在控制大气中碳水平方面起着重要的作用。

固碳释氧的收益分为固碳收益和释氧收益两部分来进行计算。首先是固碳收益，采用碳交易价格法来进行计算。从森林的生物量和森林土壤的年均增量计算出森林的 CO_2 吸收量，其价值用 CO_2 的市场价格来进行计算，计算公式为

$$U_{碳} = AC_{碳}(1.63R_{碳}B_{年} + F_{土壤碳}) \tag{4-7}$$

式中：$U_{碳}$ 表示森林年固碳收益，单位：元/a；$C_{碳}$ 表示 CO_2 的市场价格，单位：元/a；$R_{碳}$ 表示 CO_2 中的碳含量，为 27.27%；$B_{年}$ 表示林分净生产力，单位：t/(hm^2·a)；$F_{土壤碳}$ 表示单位面积林分土壤年固碳量，单位：t/(hm^2·a)。

释氧收益。根据光合作用从森林固定的 CO_2 中计算 O_2 的释放量，并运用 O_2 价格法估算其收益，计算公式为

$$U_{氧} = 1.19C_{氧}AB_{年} \tag{4-8}$$

式中：$U_氧$ 表示森林年释氧收益，单位：元/a；$C_氧$ 表示 O_2 的市场价格，单位：元/a。

4）净化空气

森林净化空气包括：森林释放 O_2、吸收有毒物体及滞尘杀菌。由于森林释放 O_2（释氧）收益已经纳入固碳释氧中计算，因此净化空气收益只计算森林吸收有毒物体和滞尘杀菌的收益。本书根据单位面积森林吸收污染物量和滞尘量，计算森林吸收的污染物总量和滞尘总量，用市场价值法（或者旅游收入法）来计算收益，这里首先运用市场价值法，计算公式为

$$U_净 = \sum_{i=1}^{n} K_i Q_i A \tag{4-9}$$

式中：$U_净$ 表示森林年净化空气收益，单位：元/a；K_i 表示收取的净化空气的费用，单位：元/a；Q_i 表示单位面积森林年吸收 SO_2、HF、NO_x 以及滞尘的量，单位：kg。

5）森林防护

目前，森林防护的评估内容主要包括森林防止荒漠化、沙化的面积进一步扩大造成的土地资源损失，减少土壤肥力流失的损失，对农牧业、水利设施、生活设施、交通运输及对人类健康等减少破坏的损失等部分。

鉴于基础数据的可获取程度和定量研究的限制，此次对森林防护收益的计算仅包括对农牧业和防风固沙的防护收益，主要为农田牧场防护林和防风固沙林的防护收益，采用减灾增产收益法，主要计算其减灾增产增加的收益，计算公式为

$$U_{防护} = \sum_{i=1}^{n} C_i q_i A \tag{4-10}$$

式中：$U_{防护}$ 表示森林年防护收益，单位：元/a；q_i 表示防护林（包括沿海防护林）增加的农作物以及牧草等的产量，单位：$kg/(hm^2 \cdot a)$；C_i 表示农作物与牧草等产品的价格，单位：元/kg。

6）生物多样性保护

众所周知，森林对物种保育具有不可替代的作用，是森林生物多样性保护的重要载体。生物多样性是维护生态环境稳定和人类生存发展的基础。生物多样性一般指的是生态系统多样性、物种多样性和遗传基因多样性。薛达元等（1999）提出的生物多样性价值计算方法主要有：市场价值法、替代化肥法、生产成本法、享乐价值法、支付意愿法、条件价值法等。从收益角度来看，可采用市场价值法、支付意愿法对其进行计算。市场价值法的计算公式为

$$U_{生} = \sum_{i=1}^{n} S_i A \qquad (4\text{-}11)$$

式中：$U_{生}$ 表示林分年物种保育的收益，单位：元/a；S_i 表示单位面积物种获得的年市场收益，单位：元/(hm^2·a)。

目前一般是用香农-维纳指数（Shannon-Wiener index）计算 S_i 值（王兵等，2008），通过 S_i 值可确定物种的丰富度，根据丰富度的等级标准来确定结果，也有用辛普森多样性指数（Simpson's diversity index）进行 S_i 值的计算，不过这种通过专家打分的指数计算方式给评估带来了一定的误差，因此可通过支付意愿（willingness to pay，WTP）法来进行辅助调查。

支付意愿法是条件价值法（contigent value method，CVM）的分支方法，是指在假想市场的条件下，通过直接调查和询问得到调研对象对某项环境效益改善或者环境保护政策的支付意愿的方法。在本书中可以通过这种方式对生物多样性的收益进行计算，即通过询问如"为保护这里野生动植物的生存环境，愿意每年支付多少钱"之类的问题，得到价格区间的具体数值，从而计算出对应的收益。具体应用将在第 7 章中展开。

7）森林游憩

随着社会经济发展水平的提高，人类对森林生态系统提供舒适性服务的需求日益增多，森林游憩价值的计算成为学术界研究的热点问题。现有的游憩价值评估方法主要包括生产成本法、费用支出法、市场价值法、旅行费用法和支付意愿法等。关于森林游憩的收益评估一直存在比较大的误区与争议，一方面是由于很多专家学者目前研究的认识尚不统一，另一方面也由于其自身的复杂性，决定了这部分价值的评价难度相当之大。

本书将对森林游憩收益的评估方法归结为两类，第一类通过将潜在的景观游憩林面积乘以全国森林公园的单位面积综合旅游收入来计算森林的景观游憩收益。这种方法数据易得，简单易操作，但是也容易产生很大的误差，甚至与实际情况不相符。第二类利用支付意愿法进行评价，对森林游憩的收益进行询问，从而得到较满意的价格区间。本书从消费者角度出发，假设生物多样性这一"公共物品"存在并有市场交换，经过调查、询问等方式来获得消费者对该"公共物品"的支付意愿或净支付意愿，综合所有消费者的支付意愿，即可得到公共环境物品的经济收益。例如，通过提问"为了享受森林景观，您愿意支付多少钱来购买一张森林公园门票"之类的问题来计算森林的游憩价值。

综上所述，本书将 7 类主要的森林生态系统服务的收益评估方法列表（表4-7），以便和 4.3 节中的成本评估方法相比较。

表 4-7　基于收益理论的森林生态收益评估方法体系

森林生态系统服务	分类指标	基于收益理论的方法
水源涵养	调节水量 净化水质	收益还原法 等价收益法
固碳释氧	固碳 释氧	碳交易价格法 氧气价格法
森林防护	农田防护 沿海森林防护	减灾增产价值法
净化空气	提供负离子 吸附污染物、滞尘	市场价值法 旅游收入法
固土保肥	固土 保肥、积累营养物质	等价收益法 市场价值法
生物多样性保护	物种保育	市场价值法 支付意愿法
森林游憩	游憩	支付意愿法 旅游收入法

4.2.3　社会收益

森林的社会收益虽然不是土地、资本和劳动等普通意义上的生产要素,但同样具有稀缺性、替代性等特性,它的经济价值也是森林所提供的所有社会服务价值的体现。因此,森林社会收益也应作为有价资产来对待,这些内容会影响人们福利的变化。森林对周边的社区环境、人类的文明生活贡献巨大,在本书中,仅从科研、就业、健康、社会发展四个指标来对社会收益进行评估。

科研收益代表文化教育科技方面的收益。科研代表的是森林文化的发展潜力,计算林区科研经费总额度与成果转化率、收益率的乘积可以用来评估有效的科研收益。计算公式为

$$U_{科研} = Nmn \tag{4-12}$$

式中:$U_{科研}$ 表示科研方面的年收益,单位:元/a;N 表示科研经费的总额度,单位:元/a;m 表示科研成果的转化率,单位:%;n 表示成果转化的社会收益率,单位:%。

就业收益主要计算的是新增就业方面的收益。新增就业体现森林吸纳就业的服务,也是改善林区居民生活的关键。通过统计资料中的地区新增就业人数,结合相应的年平均工资来对其进行计算。计算公式为

$$U_{就业} = \Delta Nw \tag{4-13}$$

式中：$U_{就业}$ 表示就业方面的年收益，单位：元/a；ΔN 表示当年新增的就业人口，单位：人/a；w 表示年平均工资，单位：元/a。

健康收益的评估主要用代表生活水平方面的收益表示。人们对森林保健的要求是延年益寿，可以通过支付意愿法计算。森林可能延长林区居民寿命的年限和林区居民愿意为延长寿命支出的额度方面的相关数据，一般可从地区统计年鉴中得到，也可通过问卷调查得出。计算公式为

$$U_{健康} = \Delta YGO \qquad\qquad (4\text{-}14)$$

式中：$U_{健康}$ 表示健康方面的年收益，单位：元/a；O 表示当地的人口数量，单位：人/a；ΔY 表示人的寿命延长的年限，单位：a；G 表示意愿支付的额度，单位：元/(人·a)。

社会发展收益主要根据劳动生产率计算得出。本书采用的计算方法是，林区地区生产总值（GDP）增长量和林区由于森林生态系统的存在对地区生产总值的影响系数相乘。计算公式为

$$U_{发展} = \Delta GI \qquad\qquad (4\text{-}15)$$

式中：$U_{发展}$ 表示社会发展方面的年收益，单位：元/a；ΔG 表示地区生产总值的年均增长量，单位：元/a；I 表示森林的存在对地区生产总值的影响系数。

4.3 基于成本理论的评估方法

根据第 3 章的研究框架的内容，在国内外学者研究的基础上，本书进行基于成本理论的评估方法的讨论。成本法本质在于根据利用森林效能引起的损失费用，作为计算森林成本费用大小的依据；或因利用森林效能导致的林木蓄积量损失，作为森林成本费用。在这个评估体系中，直接成本主要包括森林建设成本、林业生产成本以及林业部门运营成本。间接成本主要包括森林生态系统服务投入成本、宣传教育成本、科学研究成本和其他间接成本。机会成本主要指的是因土地等资源收益而放弃的成本。

4.3.1 直接成本

对于直接成本的计算，主要是对森林建设成本的计算、林业生产成本的计算以及林业部门运营成本的计算。本书将具体探讨这三项内容的计算方法。

森林的建设成本一般是指造林成本，主要包括整地、苗木、肥料、投工、造林抚育等方面的投入费用；数据来源为当地的林业统计年鉴等，计算公式为

$$C_1 = \sum_i^5 T_i \qquad\qquad (4\text{-}16)$$

式中：C_1 表示森林的建设成本，单位：元/a；$i=1,2,3,4,5$；$T_1 \sim T_5$ 分别表示整地、苗木、肥料、投工、造林后抚育的投入，单位：元/a。

林业生产成本主要包括对林产品投入成本（主要是林木、原木、薪材、竹藤）、非林产品投入成本（动植物）、林中放牧投入成本等。目前有两种方法进行计算，一种是替代成本法，一般是以林产品类似的替代品成本来计算。例如，林中放牧的价值可以用购买牧草或租用牧场的成本替代计算。另一种是生产成本法，即通过产品的生产成本予以估价。许多非林产品的主要生产成本是劳动力成本，故可用采集非林产品所消耗时间的机会成本来估价，如采用当地的平均工资。

本书中统一对这三项投入成本采用生产成本法进行计算，计算公式为

$$C_2 = \sum_i^3 W_i N_i \qquad\qquad (4\text{-}17)$$

式中：C_2 表示林业生产的总成本，单位：元/a；$i=1,2,3$；$W_1 \sim W_3$ 分别表示对林产品、非林产品、林中放牧的人员的平均工资，单位：元/a；$N_1 \sim N_3$ 分别表示投入林产品、非林产品生产和林中放牧的人员数量，单位：人。

林业部门运营成本主要包括两类，一类是管理成本，主要是县、乡各级管理部门为加强管理所新增加的经费投入；另一类是护林成本，主要是支付的护林员工资及管理部门管护费用。主要的数据来源是国民经济核算资料，提供的数据包括各类森林资源经营管理活动的支出数据，还需要一些相关的辅助调查数据，具体的计算公式为

$$C_3 = M + G \qquad\qquad (4\text{-}18)$$

式中：C_3 表示林业部门的运营成本，单位：元/a；M 表示林业部门的管理成本，单位：元/a；G 表示护林的投入成本，单位：元/a。

当然，直接成本中除了以上三项具体的支出，也还有其他的一些成本投入，如林业管理部门的办公费用等，由于这些支出所占比重较小，本书中将这部分略去不计。

4.3.2　间接成本

本书将间接成本分为森林生态系统服务投入成本、宣传教育成本、科学研究

成本和其他间接成本进行计算。计算森林生态系统服务的投入成本会产生夸大计算与重复计算的问题，因此有必要对其进行规范化研究并采取相关方法进行修正，以便为今后研究提供参考，实际应用时可以对指标进行适当筛选再计算。本部分主要依据对森林生态服务的实物量的测定，采取适当的成本方法进行计算。对于部分难以直接测定的生态服务，采用间接转换和替代的方法（如影子价格法等）进行计算。

1）水源涵养

基于成本理论的森林水源涵养价值的计算方法目前主要有水库造价替代法、自来水净化费用替代法、水量平衡计算法、地下径流增长法、采伐损失法和降水储存法等。

对调节水量的费用计算采用水库造价替代法，即运用森林区域降水量减去森林区域林分蒸散量和地表径流量来计算，再用水库的单位面积的库容投资成本来计算总费用，计算公式为

$$C_{调} = 10C_{库}A(P - E - C) \qquad (4\text{-}19)$$

式中：$C_{调}$ 表示林分年调节水量的成本，单位：元/a；$C_{库}$ 表示水库库容投资，单位：元/m³；A 表示林分面积，单位：hm²；P 表示降水量，单位：mm/a；E 表示林分蒸散量，单位：mm/a；C 表示地表径流量，单位：mm/a。

对于净化水质的费用计算采用自来水净化费用替代法进行计算，相当于森林水源涵养的净化水质的费用通过自来水的净化费用计算得出，计算公式为

$$C_{水质} = 10FA(P - E - C) \qquad (4\text{-}20)$$

式中：$C_{水质}$ 表示林分净化水质的成本，单位：元/a；F 表示自来水净化费用，单位：元/t；其他指标同上。

2）固土保肥

对森林固土保肥的成本计算分为固土和保肥两项指标。在保肥指标中，将营养物质的累积也归纳进来计算。

固土价值采用治理成本替代法进行计算。可依据有林地与无林地的年土壤侵蚀量的差来确定森林防止土壤侵蚀量，其价格用水土流失所导致的损失与河道淤泥清理的投入成本来代替。计算公式为

$$C_{固土} = A(D_{农} + D_{土})\left(\frac{X_2 - X_1}{\rho}\right) \qquad (4\text{-}21)$$

式中：$C_{固土}$ 表示林分年固土的价值，单位：元/a；$D_{农}$ 表示农田的总投入，单位：元/(hm²·a)；$D_{土}$ 表示林地开发的成本，单位：元/(hm²·a)；X_2 表示无林地土壤侵蚀

模数，单位：$t/(hm^2 \cdot a)$；X_1 表示有林地土壤侵蚀模数，单位：$t/(hm^2 \cdot a)$；ρ 表示土壤容重，单位：g/m^3。相关数据可参考地区土地开发整理规划。

通过化肥成本替代法来进行保肥价值计算，主要是依据市场上化肥的制造成本来代替森林生态系统中各类营养物质的价格。由有林地的固土量和森林土壤中氮、磷、钾及其他有机质含量计算出森林的营养物质和肥料的保持量，其费用用化肥的成本来替代，计算公式为

$$C_{肥} = A(X_2 - X_1)\left(\frac{NC_1}{R_1} + \frac{PC_1}{R_2} + \frac{KC_2}{R_3} + MC_3 \right) \quad (4\text{-}22)$$

式中：$C_{肥}$ 表示林分年保肥的价值，单位：元/a；N、P、K 分别表示森林土壤中平均的氮、磷、钾含量，单位：%；M 表示土壤中有机质的含量，单位：%；C_1、C_2、C_3 分别表示化肥磷酸二铵、氯化钾、有机质的制造成本，单位：元/t；R_1、R_2、R_3 分别表示化肥磷酸二铵含氮量、磷酸二铵含磷量、氯化钾含钾量，单位：%。

3）固碳释氧

此部分主要分为固碳费用和释氧费用两部分来进行计算，利用造林成本法，首先计算森林固碳成本。计算公式为

$$C_{固碳} = AD_{碳}(1.63R_{碳}B_{年} + F_{土壤碳}) \quad (4\text{-}23)$$

式中：$C_{固碳}$ 表示森林年固碳价值，单位：元/a；$D_{碳}$ 表示 CO_2 的造林成本价格，单位：元/a，一般采用中国造林成本 260.9 元/t 来进行计算；$R_{碳}$ 表示 CO_2 中的碳含量，为 27.27%；$B_{年}$ 表示林分净生产力，单位：$t/(hm^2 \cdot a)$；$F_{土壤碳}$ 表示单位面积林分土壤年固碳量，单位：$t/(hm^2 \cdot a)$。

释氧成本。肖寒等在 2000 年同时采用了造林成本法和工业制氧法对海南岛生态系统放氧量及其价值进行了计算，其中使用造林成本法估算出的森林每年释氧效益为 37.04 亿元（肖寒等，2000）。根据森林固定的 CO_2 量计算 O_2 的释放量，其价格用工业制 O_2 的成本价来替代，即用工业制氧成本法来进行计算，计算公式为

$$C_{氧} = 1.19G_{氧}AB_{年} \quad (4\text{-}24)$$

式中：$C_{氧}$ 表示森林年释氧价值，单位：元/a；$G_{氧}$ 表示工业制 O_2 的成本，单位：元/a。

4）净化空气

森林净化空气成本可根据单位面积森林吸收污染物量和滞尘量，计算森林吸收的污染物总量和滞尘总量，用器械成本替代法和排污成本替代法来计算，计算公式为

$$C_{\text{净}} = \sum_{i=1}^{n} K_i H_i A \qquad (4\text{-}25)$$

式中：$C_{\text{净}}$ 表示森林年净化空气的成本，单位：元/a；K_i 表示各类器械吸收污染物的投入费用及各类污染物的治理费用，单位：元/a；H_i 表示单位面积森林年吸收 SO_2、HF、NO_x 以及滞尘的量，单位：kg。

5）森林防护

森林防护对土地资源保护会产生两方面的作用：一是防止荒漠化、沙化面积进一步扩大造成的土地生产力丧失或降低；二是新造林使已荒漠化、沙化的土地转化为可利用土地。森林防护仅计算其对农业减灾增产投入的成本，计算公式为

$$C_{\text{防护}} = \sum_{i=1}^{n} C_i h_i A \qquad (4\text{-}26)$$

式中：$C_{\text{防护}}$ 表示森林年防护的成本，单位：元/a；h_i 表示森林生态系统每年新增的各类农作物及牧草等的产量，单位：$kg/(hm^2 \cdot a)$；C_i 表示对农作物与牧草等产品投入的成本，单位：元/kg。

6）生物多样性保护

生物多样性一般指的是生态系统多样性、物种多样性和遗传基因多样性。此次仅计算森林物种生物多样性保护的费用，主要可以用森林的政府投入以及个人投入对其进行计算。计算公式为

$$C_{\text{生}} = \sum_{i=1}^{n} J_i A \qquad (4\text{-}27)$$

式中：$C_{\text{生}}$ 表示林分年物种保育的价值，单位：元/a；J_i 表示单位面积政府以及个人对物种保育的年投入成本，单位：$元/(hm^2 \cdot a)$。对于这一部分，可以根据各级政府对自然保护区每年的总投入以及森林自然保护区占全国保护区的面积比例进行估算，个人对物种保育的投入可以通过意愿调查法来进行调查，设计类似"每年愿意投入多少钱到保护物种的工作中去"的问题来得到相关结果。

7）森林游憩

本书选用旅行费用法（travel cost method，TCM）来评估森林游憩服务的价值。旅行费用法是当前比较通用的游憩价值计算方法，被广泛地用于对森林公园、自然景观、具有休闲娱乐服务的森林与湿地等的价值评估中。该方法产生于 20 世纪 60 年代，并在 80 年代得到了空前的发展。TCM 虽仍有不完善之处，但目前已被资源环境经济学界广泛接受。

TCM 是一种间接性评价方法，其原理是以消费者剩余作为森林游憩的价值，属于收益法体系中的派生方法。旅行费用法的基本思想是：根据游客的来源地和基本消费情况，推导森林游憩的需求曲线，将计算出的消费者剩余结果作为无市

场价格的森林游憩的价值。由于研究角度不同，本书将其纳入成本理论的方法体系中以便于计算游憩的成本费用。旅行费用法目前主要的计算模型有两类，分区旅行费用模型（zonal travel cost method，ZTCM）与个人旅行费用模型（individual travel cost method，ITCM）。ZTCM 是依据游客的来源地确定出游区域，计算出游率与各区域到旅游目的地的平均旅行成本、当地的社会经济特征及旅游者的替代旅游地的各指标间的函数关系；20 世纪 70 年代 ITCM 产生并有所发展，在此模型中因变量是游客在每段时间内的旅游次数，自变量是游客到达目的地所耗费的旅行成本、对旅游目的地的质量评价指标、可能替代的旅游地点指标以及家庭平均年收入等。究竟要建立什么样的模型，要结合旅游景区的实际情况来决定（谢贤政和马中，2006）。

在旅行费用法的计算模型中，需要调查的指标主要是客源地、旅行费用、旅行时间、多目的地旅行以及人口统计变量（包括收入和教育水平等），通过设计封闭式问题来进行统计分析。计算公式为

$$C_{游} = f(D,F,T,M,W,E,S) \tag{4-28}$$

式中：$C_{游}$ 表示旅行费用总成本；函数 f 中的 D 表示客源地；F 表示旅行费用；T 表示旅行时间；M 表示多目的地旅行；W 表示收入；E 表示旅行者教育水平；S 表示性别。

综上所述，本书将 7 类主要的森林生态系统服务的成本评估方法列出（表 4-8），以便和上文中的收益评估方法相比较。通过成本评估的方法体系，我们可以看出，在计算中要特别注意与收益方法体系的区别，以避免计算错误、评价方法混淆不清的问题（郭广荣等，2005）。

表 4-8　基于成本理论的森林生态系统评估方法体系

森林生态系统服务	分类指标	基于成本理论的方法
水源涵养	调节水量 净化水质	水库造价替代法 水净化成本替代法
固碳释氧	固碳 释氧	造林成本法 工业制氧成本法
森林防护	农田防护 沿海森林防护	投入成本法 造林成本法
净化空气	提供负离子 吸附污染物、滞尘	器械成本替代法 排污成本替代法
固土保肥	固土 保肥、积累营养物质	治理成本替代法 化肥成本替代法
生物多样性保护	物种保育	直接市场评价法 条件价值法
森林游憩	游憩	旅行费用法

在森林的间接成本的计算中，对宣传教育成本、科学研究成本以及其他间接成本等的费用计算也不可忽视。

宣传教育成本的计算公式为

$$C_{宣} = \sum_i^n N_i \qquad (4\text{-}29)$$

式中：$C_{宣}$ 表示宣传教育所花费的成本，单位：元/a；N_i 表示宣传与演讲的成本、宣传材料制作与发放的成本、制作的音像宣传材料的成本以及广告宣传成本等，单位：元/a。

为避免重复计算，本书将科学研究成本投入近似等于科研经费支出，科学研究成本的计算公式为

$$C_{科} = K \qquad (4\text{-}30)$$

式中：$C_{科}$ 表示科学研究成本投入，单位：元/a；K 表示科研经费的平均年投入，单位：元/a。

其他间接成本主要是指森林管护机构固定资产的折旧费用及森林管护机构对当地社区交通电力等公益性的支出与建设。除此以外，各级政府及非政府组织（Non-Govermental Organizations，NGO）为缓解森林与周边社区的矛盾，耗费大量人力、财力、物力投入林区建设中，主要包括林区修路、林区共管项目，特别是帮助林区修渠灌溉等惠民公益性投入。所以其他间接成本的计算公式为

$$C_{其他} = C_{折} + C_{公益} \qquad (4\text{-}31)$$

式中：$C_{其他}$ 表示其他间接成本的投入，单位：元/a；$C_{折}$ 表示管护机构固定资产的折旧费用，单位：元/a；$C_{公益}$ 表示公益性的成本投入，单位：元/a。

综上所述，森林的间接成本的投入主要包括四个部分，其中森林的生态系统服务投入成本的计算是最主要的部分，其次为森林的宣传教育成本和科学研究成本，此外森林其他间接成本的费用也不可忽视。

4.3.3 机会成本

本书认为机会成本可以这样理解：在未建立森林生态补偿的情况下而产生的经济增长，这部分费用的损失即为森林生态补偿建立的机会成本。未建立森林生态补偿时，森林及其土地可以用于耕地种植、林业生产以及企业生产等。例如，退耕还林中，原来种植林产品的林地用于植树种草，由此造成的林农收入的损失即机会成本。欧盟各国通过计算各种环保政策导致的损失费用来确定补偿标准。机会成本是各国补偿政策中的重要组成部分。机会成本的量化研究对补偿标准的制定、生态补偿政策的设计都有着重要的借鉴作用。

本书选取受保护的森林生态系统中各类用途的平均经济产出作为林地的平均经济损失值，森林机会成本可以通过森林总面积乘以各种用途单位面积的经济损失值计算得出，将其作为森林生态补偿的机会成本纳入基于成本理论的评估体系中。计算公式为

$$C_{机会} = \sum_{i=1}^{n} C_i N_i \tag{4-32}$$

式中：$C_{机会}$ 表示机会成本，单位：元/a；C_i 表示森林各种用途的经济损失，单位：元/kg；N_i 表示各种损失的年均数量，单位：kg/a。

4.4　本章小结

本章首先明确了基于收益理论的森林生态系统服务价值评估是以经济收益、生态收益和社会收益为基础的，随后对这三项收益的评估方法进行了深入的剖析，并给出了具体的计算公式。其中经济收益的评估包括林产品、非林产品、放牧打猎收益三类的计算方法，生态服务包括水源涵养、固土保肥、固碳释氧、森林防护、生物多样性保护、净化空气和森林游憩七类的计算方法，社会效益包括提供科研收益、就业收益、健康收益、社会发展收益四类的计算方法。本书分别阐述了这些评价方法的概念，对每项指标的计算方法都进行了分析比较，并选择相对合理且操作性较强的方法作为计算各种森林生态系统服务价值的方法。

其次明确了基于成本理论的森林生态系统服务价值评估是以直接成本、间接成本和机会成本为基础的，对这三项成本下的各项指标进行了分析，并给出了计算公式。其中，直接成本包括对森林建设成本、林业生产成本、林业部门运营成本等指标，间接成本包括森林生态系统服务投入成本、宣传教育成本、科学研究成本和其他间接成本等指标，同时明确了森林生态系统服务投入成本的计算可能会造成成本过大的问题，本书为了增强评估的全面性，将其纳入评估体系中，在实际研究中可以对此项指标进行适当筛选。机会成本是指因土地等资源收益而放弃的成本，介绍了机会成本的评估方法，以供后续研究参考。

最后进行总结与归纳，重点对森林生态系统服务的收益与成本的评估方法进行比较，这也是目前多数研究中忽视的问题（表4-9）。通过比较可以发现，理论来源不同直接影响评估方法的选择，方法会导致计算结果的差异。因此，本书认为即使对同一内容进行评估，理论来源不同也可能导致结果的大相径庭，这一点需要充分的重视。

表 4-9　基于收益理论与成本理论的森林生态系统服务评估方法比较

森林生态系统服务	分类指标	基于收益理论的方法	基于成本理论的方法
水源涵养	调节水量 净化水质	收益还原法 等价收益法	水库造价替代法 水净化成本替代法
固碳释氧	固碳 释氧	碳交易价格法 氧气价格法	造林成本法 工业制氧成本法
防风固沙	农田防护 沿海森林防护	减灾增产价值法	投入成本法 造林成本法
净化空气	提供负离子 吸附污染物、滞尘	市场价值法 旅游收入法	器械成本替代法 排污成本替代法
固土保肥	固土 保肥、积累营养物质	等价收益法 市场价值法	治理成本替代法 化肥成本替代法
生物多样性保护	物种保育	市场价值法 支付意愿法	直接市场评价法 条件价值法
森林游憩	游憩	支付意愿法 旅游收入法	旅行费用法

注：旅行费用法是基于收益法派生出的方法，为便于计算，本书中将其纳入基于成本理论的方法体系中。

　　《规范》对我国森林生态系统服务评估的数据来源、评估体系与方法等都给出了明确的界定，完成了 7 个方面 11 项指标的评估指标体系的构建，对我国现有的森林生态系统服务价值的评估工作起到了一定的规范作用。据此，本书对目前国内大多研究采用的《规范》中的评估方法进行分析，探讨其相关的计算方法选择的合理性问题（表 4-10）。

表 4-10　国家林业局《森林生态系统服务功能评估规范》（LY/T 1721—2008）方法归类

森林生态系统服务	分类指标	基于收益理论的方法	基于成本理论的方法
涵养水源	调节水量 净化水质	— —	替代工程法 替代工程法
固碳释氧	固碳 释氧	收益法	替代成本法
森林防护	森林防护	—	机会成本法
净化大气环境	提供负离子、滞尘、 吸收污染物、降低噪音	—	替代成本法
固土保肥	固土 保肥	收益法	替代成本法
生物多样性保护	物种保育	收益法	机会成本法
积累营养物质	林木营养积累	收益法	—
森林游憩	森林游憩	—	—

　　通过表 4-9 与表 4-10 的比较可知，本书对现有的计算方法有一定的改进，并对方法的理论来源进行了梳理与归类。例如，《规范》中对释氧、保肥与积累营养物质三项服务价值的计算运用的是基于收益理论的方法，而其他项则是运用基于成本理论的方法，本书对此进行梳理达到了正本清源的作用。本书还对森林游憩的成本与收益的计算方法进行了归纳与讨论，具有一定的创新。与《规范》相比，本书增强了分类指标的科学性，如将固土保肥与累积营养物质的评估归纳到同一类进行计算；对方法的选择更趋合理，如基于收益理论与基于成本理论各有一个评估方法体系，减少了计算遗漏和重复计算的问题。

第5章 森林生态系统服务价值与补偿标准的耦合

5.1 补偿标准确定依据

森林生态系统服务价值补偿中的关键问题是补偿标准如何确定,这直接影响补偿的成效以及补偿方的承受能力,主要研究补偿标准的上下限、补偿等级的划分与幅度选择、补偿周期、补偿区间的分配等(赖力等,2008)。森林生态系统服务是一种复杂的公共品,具有无形、多效的特点(森林生态系统多项服务之间互相重叠),要对其进行精确计算,并以此确定补偿标准有一定的难度。我国现行的补偿标准为 75 元/(hm²·a),与森林的投入成本和发挥的生态效益、实际造林管护费用相比较仍有很大的差距,生态价值远未在现行补偿标准中得到体现。本章主要从基于收益理论和成本的理论方法来比较生态补偿标准的制定,以得到比较合理的森林生态系统服务价值补偿标准区间值。

对补偿标准的研究可以追溯到对环境质量评价的研究。较早开展环境质量评价研究的是经济合作与发展组织(Organization for Economic Cooperation and Development,OECD)。OECD 于 20 世纪 70 年代建议实行污染者付费原则(PPP),此原则核心是规定污染者都需要为其引起的直接或间接污染支付一定费用,依据这一原则制定的补偿标准主要是一种对生态破坏者的惩罚措施。后期补偿理论有所发展,先后制定了使用者付费原则(UPP)与受益者付费原则(BPP)。这些原则提出了生态补偿标准的初步框架与思路,为后来的研究奠定了基础。

从目前实施的补偿标准来看:哥斯达黎加和中国的补偿标准基本上是由政府统一确定的,每年每公顷分别为 759 美元和 75 元人民币;美国政府没有制定统一的补偿标准,其补偿标准一般依据环境指标或由公共团体评定。统一的补偿标准实施起来较为简单,但是欠缺公平性方面的考虑,可能影响生产者与经营者的生产经营积极性。目前以哥斯达黎加的补偿资金投入最多,美国居中,而中国投入最少。通过比较可知,中国的补偿标准明显偏低。哥斯达黎加尽管补偿标准较高,但补偿资金并没有到位,反而会影响经营者的积极性(表 5-1)。

表 5-1 不同国家和地区生态补偿标准确立的依据

项目名称	补偿标准
哥伦比亚、哥斯达黎加、尼加拉瓜等国的区域性草牧生态系统管理项目	畜牧业生产损失的最低水平

续表

项目名称	补偿标准
墨西哥的水环境服务支付项目	土地的平均机会成本
哥斯达黎加的流域水环境服务支付项目	造林地区的机会成本
美国环境质量激励项目	生产者成本与生产者的潜在收益之间
纽约流域管理项目	最佳经营活动的成本

目前国外对补偿标准的研究主要偏重于对支付意愿和时空配置方面的研究。大多研究主张以收益理论中的效用价值为基础进行评估。效用大小用公众偏好显示，森林的生态需求与其效用有关，因此学术界普遍采用意愿调查法对森林生态需求的支付意愿进行研究。意愿调查法对需求者的主观意愿、支付能力与承受能力有所考虑，但主观性略强，与实际支付金额会产生偏差，在我国的现实国情下较难实现。

生态补偿标准的确定对补偿的效果有直接影响。国内学界的研究热点之一就是如何确定补偿标准。与国外研究不同的是，国内学者一般基于成本理论确定补偿标准。例如，宋晓华等（2001）提出了在我国实行成本费用补偿和损失补偿比较切实可行的观点；毛显强等（2002）认为补偿标准可以从两个路径进行，一是对有利环境的经济行径补偿路径为：受益者对行为中的利益受损者进行补偿，以维持对受益者有利的环境经济行为方式。二是对不利环境的经济行径补偿路径为：环境经济行为的实施者对行为过程中的利益受损者进行补偿。秦艳红和康慕谊（2007）认为：补偿标准的核算应该以机会成本为基础。张永民（2012）认为：生态环境效益很难通过市场定价进行评估，所以现行的国内外普遍接受的补偿标准实际上是以机会成本的补偿为准，我国现行的退耕还林补偿就是这种标准。一些研究基于此提出应当因地制宜制定补偿标准的观点，如温作民（1999）认为我国南北方地区的自然生态条件差异很大，南方地区实施生态补偿的机会成本比北方高，因此有必要制定不同的南北地区补偿标准；禹雪中和冯时（2011）提出按生态质量补偿的观点，因为森林生态效益在相当程度上取决于森林的生态质量，并非简单地等同于森林面积。

目前我国实行比较单一的补偿标准，只计算了经营者经营森林的机会成本，对其发展机会成本的损失考虑较少，使其利益部分受损，应当从改善民生的角度适当提高补偿标准。目前补偿标准过于单一，缺乏公平正义，没有充分研究农户发展机会用途的可能，森林生态系统服务价值化研究也缺乏对不同区域间经济文化水平和地理条件差异的考虑。本书建议结合各地的社会、经济、环境条件，运用经济学理论及方法确定补偿标准，以增强补偿标准的科学性与适用性。

基于收益理论与成本理论，根据森林生态系统的市场需求和供给曲线可分别计算出在不同的生产或消费水平下森林生态系统的总收益或总成本，由此便可以得到总收益（TB）和总成本（TC）曲线（图5-1）。

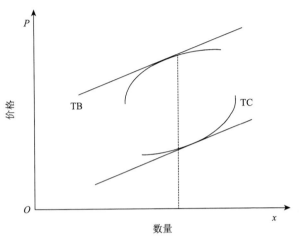

图 5-1　收益与成本的最优水平曲线

当社会经济福利最大时可以求出生产消费的最优水平，此时森林的产出的边际收益等于边际成本（图5-2）。由第 3 章内容可知，基于收益理论的生态补偿标准评估与基于成本理论的生态补偿标准评估可以进行比较分析，见图5-2。

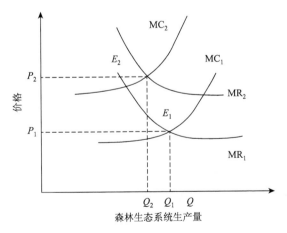

图 5-2　基于收益理论与成本理论的森林生态补偿标准

在图 5-2 中，E_1 代表的是基于成本理论的森林生态补偿标准，E_2 表示的是基于收益理论的森林生态补偿标准，E_1 与 E_2 之间就是本书进行评估的补偿标准区间。森林生态系统服务价值的补偿属于特殊生态产品交易的过程，交易双方不仅存在于私人之间，还会在政府、企业与私人间发生。一般来说，如果是对稀缺产品的交易，就可以直接给产品定价并出售给需求方。依此路径，实现森林生态补偿的先决条件是森林生态产品的供需双方都有收益，即生产者的成本低于需求者的边际效用，此时补偿标准界于生产成本与需求者的边际效用之间；与之相反的补偿思路是根据向受益者提供的效用来计算补偿标准，具体根据提供森林生态产品的供给方确认的效用价值来确定补偿标准值，这种补偿思路是违背经济学理论的，效用价值论明确规定效用必须在有所变化的情形下才可计算。

基于此，本书认为采用最大补偿法与最小补偿法相结合的方法制定生态补偿标准较为合理，原因在于对森林生态产品的提供者来说，补偿标准是其生产成本加上适当的利润，而对于森林生态产品的消费者来说，补偿标准的依据是其消费森林生态产品时产生的边际效用，两者的有机结合有利于更好地认清生态补偿的本质，为有关研究提供参考。

本书将以上两者的耦合定义为最大最小补偿法，以最大补偿法计算森林生态补偿标准的上限，以最小补偿法计算森林生态补偿标准的下限。中国生态补偿机制与政策研究课题组曾经提出的森林生态系统服务价值作为潜在的理论补偿的上限，根据造林成本和机会成本计算的标准作为补偿标准的下限，并认为确定补偿标准需要在四个方面进行计算，即生态保护者的投入和机会成本的损失、生态受益者的获利、生态破坏的恢复成本、生态系统服务的价值。这个结论肯定了本书进行收益与成本比较的意义，也给本书的观点提供了一定的支撑。因此，本书认为基于收益与成本的补偿标准区间可运用最大最小补偿法进行计算，并结合相关的补偿系数与等级划分，对实际的补偿标准值进行一定的修正，以符合当地的经济、社会发展情况。

5.2　基于收益理论的补偿标准

第 3 章和第 4 章中已经对基于收益理论和成本理论的定价机制及计算方法有所论述，本章将从环境经济学和福利经济学角度，分析如何内部化保护或破坏生态环境行为的外部性，从而确定补偿标准这一核心问题。外部性分为两种情况：森林生态系统服务的改良及价值的增加称为正外部性，也叫外部收益；森林生态系统服务的损失及对林区居民生活与发展造成的破坏称为负外部性，也称外部成本。从社会总福利的角度，首先来分析外部性产生以及内部化外部性时消费者剩余的变化，从中推定森林的生态补偿标准。

图 5-3 描述了当森林生态系统服务得到改善和增值，出现外部经济的情况下，如何进行补偿来内部化外部收益。图 5-3 中 MPB 和 MSB 依次代表边际私人收益

和边际社会收益，二者之间的差距代表边际外部收益（MEB）；MPC 是边际私人成本，此时与边际社会成本（MSC）相同。图 5-3 说明当保护者改善了森林生态系统环境时，外部收益会产生，此时 MSB 大于 MPB。在完全竞争市场条件和森林生态系统服务可以在市场条件下自由交换时，保护者行为所形成的外部收益并未被内部化，保护者实际保护行为由 MPB 和 MPC 决定。这时，保护者行为形成的森林生态系统服务的量是 Q_1，相应的 MC（价格）是 P_1。Q_1 代表的是满足保护者生存和发展需要的森林生态系统服务量，也可以用来解释由国家法规规定的社会行为人必须承担的基本公平的环境质量或标准。此时，生产者剩余（PS）是 e 区域，d 区域代表消费者剩余（CS）的大小，外部收益的值是 $a+b+c$ 区域。此区域的外部收益事实上被社会消费者所享有，而没有支付相应的补偿给生产者。$a+b+c+d+e$ 区域表示这时的社会实际总福利水平。

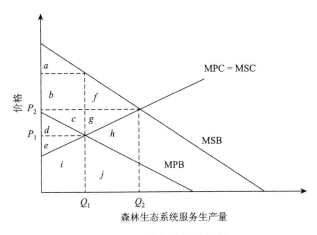

图 5-3　对外部收益的补偿

如果对保护者所提供的每单位的森林生态服务给予一定补贴，激励保护者所提供的生态服务量达到社会要求的最优水平 Q_2，此时需要的补贴量为 $b+c+d$ 区域。达到新的均衡时，社会总福利和外部收益分别产生了不同的配置与变化。$a+b+f$ 区域代表消费者剩余的增加，$c+d+e+g$ 区域表示生产者剩余的增加，$a+b+c+d+e+f+g$ 区域代表了新的社会总福利水平。由图 5-3 可知，在支付补偿后，森林生态服务的供给水平提高到 Q_2，消费者剩余和生产者剩余都有所增加，社会总福利净增加了 $f+g$。但是，在新的均衡条件下，外部收益总量增加 $a+b+c+d+e+f+g+h$，实际增加了 $f+g+h$，其中 $a+b+c+f+g$ 被内部化为生产者剩余和消费者剩余，h 则成为净增加的外部收益，没有被内部化。以上是通过福利经济学分析考察了如何内部化外部收益从而促进保护者来改善森林生态服务。福利分析的不足是很难得到福利变化的具体数量从而确定补偿标准。我们可以使用保护者生产森林生态服务这一特殊产品的生产过程来分析补偿标准值。

保护者在 P_1 价格下提供 Q_1 水平的生态服务量，此时，没有任何补偿，保护者的成本为 i 区域，即生态建设和保护成本；剩余为 e 区域，代表的是获取的额外收益。当生态补偿的受益者要求保护者提供的生态服务量从 Q_1 提高到 Q_2 时，保护者增加的成本为 $j+h$ 区域，增加的额外收益为 $c+d+g$ 区域。只有当受益者的补偿支付能够满足以上增加的成本和利润时，才能使保护者提供的森林生态服务量达到所要求的水平。

由于生态收益具有外溢性，因此现有研究大多认为计算森林生态系统服务价值的收益会使补偿标准偏高。但是，从公平性来说，根据生态收益、经济收益等计量来确定生态补偿标准更为合理，只是目前的研究普遍认为生态收益的计量方法不统一，导致结果偏差较大，所以可将其作为可参考的补偿标准上限值。

因此，基于收益理论的补偿标准是对经济收益 $U_{经济}$、生态收益 $U_{生态}$ 与社会收益 $U_{社会}$ 三部分来综合计算的，计算公式为

$$U_{收益} = U_{经济} + U_{生态} + U_{社会} \tag{5-1}$$

根据第 4 章的研究方法，可以计算得到式（5-1）中三部分的值。但是需要注意的是，当前研究中，对于生态收益中的指标如何筛选与计算是有争议的。在本书中，将采用两个路径来进行调整，一是对目前的生态收益的计量采用地区范围的计算方法（表 5-2），范围区间的界定有利于对森林生态系统服务的计算指标的选取；二是通过层次分析法，对其整体结构进行权重设计。关于层次分析法的具体应用可见第 3 章。

表 5-2　生态收益的范围区间

标准	范围/km²	生态系统服务
全球	>1000000	固碳释氧、调节气候
生物圈	10000~1000000	水、沿海防护、侵蚀、物种
生态系统	1~10000	有机物、污染、动植物
植物群落	<1	噪声、粉尘、径流、有机质

本书针对目前的补偿标准将森林收益作为参考上限的情况，对森林生态补偿的标准进行了基于收益理论的评估，意在给出尽可能客观的补偿标准值，作为补偿范围区间的上限。值得商榷的是如何运用层次分析法准确计算出各部分收益的权重值，这部分内容将会在第 7 章的案例中进行探讨。

5.3　基于成本理论的补偿标准

本部分从福利经济学角度来分析外部成本产生时生产者剩余和消费者剩余的变化，从中推定出生态补偿标准的依据。当经济活动导致森林生态系统遭到破坏而又没有得到相应补偿时就产生了外部成本。图 5-4 描绘了当森林生态系统出现外部不经济的情况下，如何进行补偿来内部化外部成本。图 5-4 中，横坐标表示森林生态系统的生产量，纵坐标表示价格或者成本。MPC 和 MSC 分别代表边际私人成本和边际社会成本，二者之间差距代表边际外部成本；MPB 表示边际私人收益，此时与 MSB 边际社会收益相同。在没有补偿时，森林生态系统的开发量是根据 MPC 和 MPB 决定的 Q_1。在此均衡条件下，消费者剩余为 $a+b+c+f$ 区域，生产者剩余为 $d+e+g$，但是，此时的外部成本为 $c+d+e+f+g+h$，这些外部成本意味着森林生态系统开发造成的环境损害并没有得到补偿。

社会最优开发量可根据 MSC 与 MSB 决定，在 Q_2 水平达到新的均衡。在新的均衡条件下，消费者剩余为 a 区域，生产者剩余为 e 区域，而 $b+c+d$ 则可视为对外部成本的补偿。此时，社会实际总福利为 $a+b+c+d+e$ 区域，比原来的社会总福利降低了 $f+g$ 区域，这部分是社会总福利的净损失。在最优均衡条件下，仍然存在不可避免的环境损失，即 $c+d+e$ 区域。只不过在此时，这些损失由补偿 $b+c+d$ 进行了内部化。理论上，生产者自己的投资成本达到 $b+c+d$ 的水平，也可以达到内部化外部成本的效果。

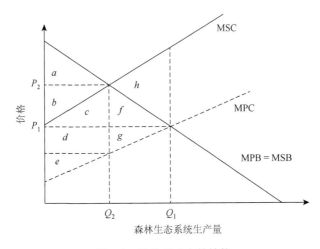

图 5-4　对外部成本的补偿

森林生态系统服务的成本补偿是确定补偿标准下限的基础。当计算补偿标准时，全面、客观、准确地计算生产者的直接成本、间接成本和机会成本显得尤为重要。大批学者支持这一观点，如陈钦和魏远竹（2007b）、孔凡斌（2007）都提出了机会成本补偿的理念。其中，孔凡斌（2007）的观点与本书思路相似，即将基于成本的补偿标准分为直接成本、间接成本和机会成本三部分来进行分析与计量。在本书中，基于成本理论的补偿标准下限的计算公式如下：

$$C_{成本} = C_{直接} + C_{间接} + C_{机会} \tag{5-2}$$

式中：森林的生产费用与营林费用构成了森林生态系统的直接成本 $C_{直接}$，生产费用指的是森林在培育、管护过程所产生的必要投入，包括整地、挖穴、培育、种植、施肥、幼林抚育等成本。营林费用是指造林费、未成林地补植费、幼林抚育费、护林费、病虫害防治费、职工工资、办公管理费、差旅费和其他费用。这些数据可以从当地林业局相关统计资料中得到。

间接成本 $C_{间接}$ 主要是指对于森林环境的治理和生态恢复过程中，影响到森林的水源涵养、水土保持、水资源破坏、气候调节、生物多样性保护等生态系统服务的治理成本、森林生态系统的宣传教育、科学研究成本等，并作为补偿标准计算的一部分。间接成本中对森林生态系统服务的投入、治理成本的计算过程中应注意重复计算的存在和指标筛选的问题。

机会成本 $C_{机会}$ 是由于保护生态环境而牺牲的发展机会的损失，这部分成本其实是森林生态系统用途多功能性的体现。

基于成本理论来确定森林生态补偿标准下限的研究存在如下问题。目前直接成本的补偿尚且不足，主要表现在：单位面积补偿标准普遍较低；林木管护成本投入没有保障；生态补偿工作量大，直接成本中没有管理经费。间接成本补偿不足的问题较为复杂，同样存在以下问题：对农户的经营用途方面的损失没有补偿；管理成本的缺失，预算弱化；现有补偿标准过于单一，没有与林木管护挂钩，激励效率不高。从机会成本角度来看，地方政府在生态补偿中承担了过多的机会成本（曹晓昌等，2011）。与此同时，由于补偿区域、区位、地类和质量等因素都存在差异，森林生态系统的管护成本与价值难以统一；补偿资金应随价格指数的变化调整，目前在全国范围使用相同的补偿标准，缺乏动态性、灵活性，势必会挫伤补偿对象的积极性，不能使政策发挥出应有的效益，达不到该项政策的目标。

针对以上问题，本书一方面采用指标强化的方法进行补偿标准的计算，另一方面采用改进的 Pearl 生长系数法来解决目前补偿标准过于单一、简单、偏低的问题。李金昌（1999）引入生态价值发展阶段系数 y 的概念，利用生态价值发展阶段系数对评估价值进行优化设计，以协调解决计算结果偏大导致的现实中不能支付和无法应用的问题。本书将运用并改进这个概念，具体用法如第 3 章中所介绍，在第 7 章中将继续论述其可靠性。

5.4　本章小结

　　本章依循补偿标准确定依据、基于收益理论的补偿标准、基于成本理论的补偿标准的顺序进行阐述，是第 3 章和第 4 章关于补偿标准评估框架及指标计算方法相关内容的延续。本章首先回顾了目前国内外补偿标准的制定依据、执行及存在问题等基本情况；其次介绍了最大最小补偿法，结合消费者剩余与生产者剩余理论详细说明了基于收益理论的生态补偿标准上限与基于成本理论的生态补偿标准下限，指出了生态收益的外溢性及间接成本中森林生态系统服务投入成本相关指标的可筛选性。

　　综上所述，合理的生态补偿标准有利于充分调动林农生产积极性，促进市场需求，调整森林生态保护地区产业结构，从而在改善生态环境的同时，推动当地经济发展。补偿标准是否合理是补偿体系中的关键环节，在实际应用中应结合我国和当地的社会经济发展情况，特别是生态破坏情况，确定区域补偿标准，同时根据生态保护与社会经济发展的阶段性特征对补偿标准进行适当地动态调整，在实践中逐步趋于完善，以提高补偿标准的实用性。

第 6 章　补偿资金的来源、补偿途径、保障以及其他比较

6.1　现有补偿资金来源、途径及保障概况

我国森林生态系统服务价值补偿政策的制定与完善，一是在于怎样筹措足够的补偿资金，即补偿资金的来源问题；二是设计合理的把补偿资金发给被补偿地区的被补偿人的方案，主要是指补偿途径的问题，包括确定交易对象，建立可行的补偿渠道等；三是制定出对森林生态补偿提供保障的法律体系，以提高公平分配的效率；四是加大对森林生态补偿在科学文化方面的研究力度，以提高其应用的可行性与科学性。

对于补偿政策的实施，各国早先采用相关政策与法规进行约束与扶持（表 6-1）。主要包括：对国有林实施特惠政策；对私有林交易实行补偿、优惠贷款、减免税收；减免企业化的国有林等实行的相关税等。各国在对森林生态系统进行补偿和维护时，按照国有林和非国有林分别实施了不同政策。

到 20 世纪末和 21 世纪初，很多国家都对森林进行了经济补偿，此时除了政府进行了投资以外，生态服务的受益者、非政府组织、个人以及其他一些相关群体也成为森林生态系统服务的投资方。

表 6-1　各国森林生态补偿政策简介（万本太和邹首民，2008）

补偿类型	国家和地区	补偿方式
政府投入对林业的扶持	美国	补偿资金由政府提供
	英国	国有林收入不上缴，不足部分政府拨款或优惠贷款
	德国	国有林实行预算制，议会审议，财政拨款
政府对林业补贴	奥地利	鼓励小林主不生产木材，只要经营接近自然林状态，政府就给补助
	英国	私有林主营造阔叶林，给予补贴
	法国	国家森林基金（受益团体投资、特别用途税、发行债券）开辟林业资源渠道
	芬兰	为营林、森林道路建设、低产林改造提供低息贷款，财政贴息
政府减免森林资产税收	法国	私人造林地免除 5 年地产税，按树种分别减免林木收入税 10～30 年
	芬兰	更新造林 15 年不缴纳所得税，国有林只向地方缴纳少量财产税，森林面积在 200hm^2 以下不计入税
	德国	企业、家庭营林一切费用可在当年收入税前列支，国家仅对抵消营林列支后的收入征收所得税，同时对合作林场减免税收

补偿类型	国家和地区	补偿方式
对直接受益部门征收补偿费	加拿大	森林公园、植物园、自然保护区等以森林为主体的旅游部门需在门票收入内提取一定比例补偿给育林部门
	欧盟	推行二氧化碳税
	美国	在国有林区征收放牧税
	哥伦比亚	向污染者和受益者收费
	日本	向水的使用者收费，补偿河流上游林主

目前我国的重大生态工程主要有退耕还林、天然林保护、"三北"（东北、华北和西北）防护林体系建设、退牧还草、京津风沙源治理等。中央财政资金和国债资金是这些项目的资金来源，实施的地区范围较广，持续周期长，是我国生态保护和建设的重要举措。

退耕还林工程于 2006 年在我国 22 个省（自治区、直辖市）全面开展实施，并提出 10 年内完成退耕还林 530 万 hm^2，荒山造林 800 万 hm^2，减少水土流失 3600 万 hm^2，防风固沙 7000 万 hm^2 的目标。为完成上述目标，国家在政策、经费和物资方面提供了空前支持。国务院于 2002 年制定了《退耕还林条例》，明确规定了退耕还林工程的主要内容、实施范围、措施以及部门职责等。退耕还林补偿是指国家对退耕农户和地方政府分别补偿，对农户提供免费粮食、种苗费和管护费补贴；对地方财政采取转移支付的方式进行补偿。

天然林保护工程主要是指林场的分类经营，即将现有的主要林区划分为重点生态林、一般生态林和商品林基地等，严格保护重点生态林，通过经营商品林来降低天然林采伐量。

"三北"防护林体系建设覆盖东北、华北、西北的主要生态脆弱区，横跨大半个中国。该工程计划建设年限为 73 年，覆盖面达 406 万 km^2，是世界上规模最大的生态建设工程。根据国家林业局提供的统计资料显示，自 1978 年以来我国累计完成造林面积 23.5 万 km^2，进一步提高了森林覆盖率，改善了当地居民的生活条件。

退牧还草工程采用三种方式进行，主要方式为禁牧、休牧和划区轮牧，工程实施期间，国家提供粮食和饲料补助给牧民。国务院于 2002 年正式批准了西部 11 个省（自治区、直辖市）实施退牧还草工程，主要内容是从 2003 年开始实施，计划用 5 年时间集中治理 0.67 亿 hm^2，约占西部地区严重退化草原的 40%。

京津风沙源治理工程的实施范围为 45.8 万 km^2。1999 年，我国林业部制定《京津风沙源治理工程规划》，提出了封山育林、退耕还林、退牧还草与生态移民等数十项举措，截至 2010 年累计完成退耕还林 263 万 hm^2、营林造林 500 万 hm^2、草地治理 1060 万 hm^2，小流域综合治理 2.3 万 hm^2，生态移民 18 万人。

　　我国不仅从国家尺度实行了以上重大工程，对项目区的政府和民众提供了资金、物资以及技术的补偿，各级地方政府也开展了不同形式的生态补偿工程建设。早在 2001 年，广东、福建、浙江等省的地方政府也开始进行地方森林生态补偿试点，配备了一定的补偿资金。以下是一些省（自治区、直辖市）通过财政投入进行地方森林生态补偿的具体做法。

　　从 20 世纪 80 年代中期开始，四川省的青城山当地政府决定将青城山风景区门票收入的 25%上交林业部门，用来护林管理。1989 年国家林业局到此调研，在四川乐山召开了关于森林生态补偿的讨论会，由此拉开了建立我国森林生态补偿政策的序幕。

　　1998 年 11 月广东省出台的《广东省生态公益林建设管理和效益补偿办法》规定："各级人民政府每年财政安排的林业资金中，用于生态公益林建设、保护和管理的资金不少于 30%。"两年后，广东省生态补偿标准提高至每公顷 60 元。2000～2002 年，2003～2007 年补偿标准两次提高，由此全面推进了广东省生态保护建设。2003 年广东省颁布了新的《广东省省级生态公益林效益补偿资金管理办法》，明确了用于损失性补偿和综合管护费用的比例、补偿对象和补偿资金的发放形式。2006 年，广东省进一步规范生态公益林补偿资金的管理，确保补偿对象的经济利益不受损害。

　　2004 年，北京市生态补偿政策全面实施，《北京市山区生态林补偿资金管理暂行办法》规定对全市 60.80 万 hm^2 生态林进行财政补助，每年投入补偿资金 1.92 亿元，补偿资金由乡镇财政以直接补偿的方式发给管护人员。截至 2007 年底，北京市已完成森林生态补偿面积 620.47hm^2，覆盖 7 个山区县 103 个乡镇。2004 年，北京市园林绿化局实行了严格的封山育林和"五禁"政策，颁布了《北京市人民政府关于建立山区生态林补偿机制的通知》，明确了山区生态林补偿机制的补偿标准为：月人均补偿 400 元，补偿资金由乡镇财政以"直补"的方式发放。生态补偿自实施以来，全市共确定了 46908 名管护员，提高了农村剩余劳动力就业率。政府年投入补偿资金 2.2 亿元，使林区农民每人年均收入增加了 350 元。

　　福建省财政对国家补助范围外的生态公益林进行补助，2001～2006 年的补助额分别是 5720 万元、3000 万元、3400 万元、5000 万元、6515 万元和 8015 万元，在此期间，对于一级保护的省级公益林每年每亩补偿支出从 2001 年的 1.35 元提高到 2005 年的 4.5 元。此外，省财政计划 2007 年再增加补偿费 1500 万元。目前，受益单位补偿作为森林生态效益补偿资金来源的重要组成部分，以旅游和水资源利用单位补偿为主。

　　2004 年，浙江省全面启动了森林生态补偿政策。2005 年 1 月，浙江省财政厅、林业厅共同下发的《浙江省森林生态效益补偿基金管理办法（试行）》规定，重点公益林补偿标准为每年 120 元/hm^2，并明确省财政按照不同的森林生态功能区位，对森林采取不同的补助标准。2006 年，省政府决定将补偿标准提高到 150 元/hm²，2007 年补偿标准提高到 180 元/hm²，2008 年补偿标准再一次提高到 225 元/hm²。

辽宁省自 1988 年开始，对省内采矿、造纸工业企业、蚕茧收购企业等和拥有直接开发水资源权力的各企事业单位、机关、团体、部队和个企等征收林业开发建设基金和水资源费，并从征收的水资源费中，每年拿出 1300 万元用于建设水源涵养林和水土保持林，2002~2018 年辽宁省财政累计投入森林生态效益补偿资金 15.9 亿元。

新疆维吾尔自治区 1997 年决定征收森林生态补偿费用，在《中共中央国务院关于加快林业发展的决定》中规定了森林生态补偿基金的征收范围和标准，同时规定 1997~2000 年，以 1996 年新疆当地的财政收入为基数，按每年财政收入增加 0.5%，以增加对林业的投入。

甘肃省于 1997 年推出《甘肃祁连山国家级自然保护区管理条例》，其中规定：从保护区内进行科学研究、灾害处理、旅游等收入中提取 2%~5%，用于保护区水源涵养林的保护和发展，专款专用（表 6-2）。

表 6-2　各省（自治区、直辖市）森林生态补偿实施情况

省（自治区、直辖市）	林地面积/万 hm²	中央资金/万元	地方资金/万元	国家标准/(元/hm²)	地方标准/(元/hm²)	开展情况
北京市	60.8	1763	5643	75 + 245	315	管护人员培训；管理信息化系统；调整山区产业结构；具有成熟的法规制度体系
河北省	126.6	9500	—	75	—	强化各市县责任意识；加强公益林管护；补偿基金发放及使用的管理；探索森林管理的途径、模式与政策
山西省	16.1	1233	—	75	—	加强领导，明确职责；林业厅与财政厅协调沟通，推动补偿工作落实；健全管护责任制；加大监督管理；实行资金预算管理，各级财政设置转账；健全稽查与内控制度
内蒙古自治区	515.4	38657.4	1455	75	45	实行政府目标责任制；调研、考察，认真实施补偿工作；落实管护责任，建立管护制度，编制管护方案；启动地方补偿制度，加强基础设施建设工作；补偿效益显著
黑龙江省	167	12500	—	75	—	划分管护责任区，调整管护形式，落实管护责任；建立基金管理体系，强化基金管理和监督；发展林下经济，聘请专家培训，提供技术和信息服务
吉林省	140	11500	300	75	45	划分补偿林地，落实管护责任，提高管护人员素质，加强组织领导，健全工作机构，开展学习培训，深入调研，指导工作，严格规范资金管理

续表

省（自治区、直辖市）	林地面积/万 hm²	中央资金/万元	地方资金/万元	国家标准/(元/hm²)	地方标准/(元/hm²)	开展情况
浙江省	63.3	4750	2850	75 + 45	120	建立重点林区动态监测体系，实现资源动态管理；全面设立补偿基金，资金投放规范有序，明确资金用途和补助对象；妥善处理投资经营者利益；地方政府拨专款投资建设；林农欢迎，社会响应
江西省	126.6	9500	3021	75	30~75	加强领导，明确责任，精心选拔护林员，强化资金管理，建立"慎用钱"机制，加强宣传，提高生态保护意识
广东省	345	25875	15525	75 + 45	120	落实目标责任制，健全管理机构。落实管护人员，建立管理档案数据库，出台地方补偿资金管理办法；出台生态公益林工程建设管理制度
海南省	32	2395	386	75	30	加强资金的规范管理；制定政策法律及执法保障，加强科技支撑；加强生态补偿教育，提高公众意识
云南省	107	8200	800	75	45	加强领导，明确各部门职责任务；落实经费，编制实施方案，培训业务人员，管护核查，调研督查，严格补偿资金管理；建立追究责任制度；加大宣传力度，提高公众意识
西藏自治区	97	7078	—	75	45	完善管护模式，制定补偿基金实施细则，劳务费或补偿费施行绩效挂钩的制度
新疆维吾尔自治区	203.3	15250	—	75	—	确定管护标准，认真落实补偿任务；层层落实管护责任，加强设施建设，改善管护条件，提高管护质量；建立公示制度，强化社会监督，制定管理制度，加强人员培训，全面提高素质，强化监督，确保补偿资金安全运行
甘肃省	133.3	10000	—	75	—	对重点公益林进行全面核查，制定标准，统一方法，强化培训，提高技能，落实任务，强化管理，加强资金的监督管理
陕西省	221	15774	—	—	—	高度重视，成立工作小组，安排部署重点公益林面积统计上报工作

注：补偿标准中的"国家"指的是国家重点公益林，"地方"指的是地方重点公益林。以北京市为例，国家重点公益林的补偿标准是由国家补助的 75 元加上地方财政补助的 245 元，而地方重点公益林的补偿标准是由北京市财政补助的 315 元。

通过总结我国重点森林生态建设工程与各省（自治区、直辖市）的生态补偿政策可以发现，目前存在的主要问题有：补偿来源简单，管理与执行中条块分割，难以解决生态补偿的基本问题；投融资渠道单一，补偿途径不灵活，难以保障生态保护与补偿的持续进行；政策法规体系建设滞后，法律法规不健全，难以支持生态补偿制度的实施。

6.2　补偿资金来源对比

补偿资金一般有受益者补偿、使用者补偿和污染者补偿等几种来源。在本书中，将受益者补偿定义为基于收益理论的补偿资金来源，类似地，将使用者补偿定义为基于成本理论的补偿资金来源。

普遍观点认为：森林生态补偿资金应向森林的直接受益者如水电和依托森林的旅游部门等征收。这种征收方式忽视了森林为全社会所广泛提供的服务，如防风固沙、净化空气、生物多样性保护等。森林生态补偿资金应由社会各级财政承担，但考虑到目前我国的财政收支状况，仅凭国家财政一己之力解决补偿资金难以实现。应考虑建立以国家与地方财政为主体，部门和社会相辅助的多层次的补偿资金来源。

6.2.1　基于收益理论的补偿资金来源

基于收益理论的补偿资金来源应依据受益者补偿原则和公平性原则，补偿资金分别来源于国家财政支出或者转移支出、受益地区和受补偿地区的税收等。按照资金来源分为国家补偿、区域补偿、社区补偿、产业补偿四种来源渠道。

国家补偿的作用主要表现在对补偿资金的管理上。生态补偿政策的完善过程中涉及区域协调、税收、立法监督等问题，国家相关政策的制定可以解决这一系列的问题。因此，国家补偿的重点在于政策补偿的调控作用，用政策的力量控制森林生态补偿，推动生态补偿工作的正常运行。

我国幅员辽阔，对于生态补偿的不同地区的受益程度也不同，并且各自的经济发展水平、生态环境质量的改善程度、能够承担补偿的能力也不同，这就决定了受益地区应承担的补偿份额的差异性。合理的补偿分摊标准，应该把以上几个方面结合起来，并以经济发展水平作为主导地位。区域补偿可以有多种补偿方式，可以将补偿资金转嫁到税收中，也可以跨区域进行投资或技术支持，推动地区产业结构的调整。

社区补偿提出的原因是我国 92% 的贫困人口生活在山区和林区，生活在林区的一些社区组织在保留有利于提高生态效益的实践模式（如混农林业）中发挥着重要的作用。政府通过加强社区组织的建设和社区之间的联系，能够使当地社区在改善森林生态效益的过程中获益，所以当地社区需要设定补偿资金对此进行补偿。

产业补偿是指从可以直接得益于良好的生态环境的收益中按照比例补偿森林的生态环境。由受益者补偿原则可知，新兴产业可以上缴税收的形式提供一定的补偿资金。这一部分补偿可以在产业结构调整完成后征收，统一纳入总补偿费用中进行分配。

6.2.2　基于成本理论的补偿资金来源

基于成本理论的补偿资金来源应当秉承使用者补偿原则，分为国家补偿、区域补偿、市场补偿。有关国家补偿和区域补偿的来源与筹集方式，6.2.1 节已有介绍，这里不做赘述。下面主要介绍市场补偿这一补偿资金来源与筹集方式。

尽管目前中央加大了对林区的资金投入和财政转移支付，但这对于林区的各项建设和发展来说远远不够，并且存在激励不足、监督成本高昂等问题，所以还应该从市场方面尽力获取资金。市场补偿是一种常见的社会力量，更是生态补偿高效运转的关键。因为森林可以提供水土保持、固碳释氧和生物多样性保护等多种生态环境服务，因此将森林资源当作一种"生态资本"。目前，公共支付是主要的资金来源，但是，这其中出现了一系列问题，如补偿实施过程中存在着大量的低效率行为、政府信息不对称（政府很难掌握每块土地转为生态用地的机会成本，因为该机会成本与土地肥力、土地位置、当时当地的经济条件和市场条件有关）、公共支付的多目标性、公共治理问题、政府预算限制问题等。除此以外，政府实施的发展计划、工程项目、政策规划、保护与开发，常常是为多目标服务的，很少会为实现某一单一目标而启动一个发展项目。面对这些问题，必须要积极探索基于市场的补偿资金来源。对已有的市场的考察表明，目前一个国家、地区采用何种支付方式，很大程度上受制于购买对象某一特定的生态服务的特点和性质，所以，不可能只使用一种支付方式来实现森林资源的价值。目前我国有大规模的公共支付项目，这其中也出现了一些成本有效性的问题。在市场的资金来源支付中，可以利用自组织的私人交易如一对一交易等、商业规划、碳汇交易、生态旅游、生态产品认证以及信托基金、捐赠基金、生态标记等手段来使补偿资金来源规范化、规模化，从而进一步完善我国的生态补偿政策体系，逐步健全以政府引导为主体、市场推进和社会参与为辅助的生态补偿制度。

不论是基于收益理论还是成本理论，不论是政府主导还是市场主导的补偿资金来源，不论是直接支付还是间接支付的支付方式，都决定了补偿资金来源的多元化与支付方式的多样化，以促进补偿政策的合理化。

6.3　补偿途径对比

生态补偿制度的实施需要巨大的资金投入来支持，因此资金的有效筹措（补偿的途径）成为生态补偿顺利实施的关键。国内对于补偿途径的研究说法不一，何承耕等（2008）认为补偿途径分为直接补偿和间接补偿两种。直接补偿，是指由责任者直接支付给直接受害者；间接补偿是指由环境破坏责任者付款给政府有关部门，再由政府有关部门给予直接受害者补偿。石培基等（2006）认为补偿途径主要有生态补偿税费、生态补偿保证金、财政补贴、优惠信贷、国内外基金等。费世民等（2004）认为补偿途径可细化为如下几种：国家财政无偿扶持、森林生态补偿基金、由受益者承担生态林建设费用、发行国债、接受捐助。收缴全民义务植树绿化费、开征生态税等，还可通过生态融资、争取国际金融组织和政府间的优惠贷款投入、中央财政贴息支持、扩大生态移民规模等途径进行间接补偿。王雅丽等（2009）根据资源开发所造成的不同生态影响进行划分，认为生态补偿途径应包括政策补偿、资金补偿、实物补偿、项目补偿、教育补偿、技术补偿以及生态移民等。曹明德（2010）认为应通过下列途径建立多层次的生态补偿机制：财政投入、设置森林生态补偿费、征收生态补偿费、林业部门补偿、社会公众补偿、社会捐赠、发行彩票、建设−经营−转让（build-operate-transfer，BOT）融资方式。在森林生态补偿中，以上途径的应用可以缩短资金筹措周期，改善生态环境。欧名豪等（2000）在对长江上游地区生态重建的经济补偿机制的研究中，提出了内部补偿、外部补偿和代际补偿相结合的补偿途径与方式。所谓代际补偿，即依据代际公平的原则，政府代表未来向上游地区给予一定的经济补偿，可以通过减免上游地区税收、给予资金、信贷等政策支持来实现。

从不同认知角度对所关注的问题进行类型的划分，是认识事物的复杂性的一种方法。不同领域的学者从自身的学术背景出发，划分了名目繁多的生态补偿类型，虽然某些分类存在明显的弊端，但都在各自的层面上揭示了生态补偿的重要特征。

本书认为，基于收益理论与成本理论的生态补偿途径既有区别又有联系，理论的出发点的不同，造成了补偿途径的区别；联系在于，综合考虑的补偿方式才能更好地为生态补偿政策服务。基于此，本部分将不再分开对其进行比较，而是采取综合方式进行论述。基于收益理论的生态补偿途径秉承的是受益者补偿原则，而生态环境的效益是具有扩散性的，即生态环境的改善会使很多的人受益，所以根据外部经济性理论，生态环境质量改善的受益者应为生态环境的改善支付相应的费用，以此鼓励人们保护环境、改善环境，所以补偿途径应从受益者中来，主要是国家征收的生态环境税费、国债、基金、彩票、捐助、转移性支付等。基于成本理论的生态补偿途径依据使用者补偿原则，因此补偿途径主要依赖于使用者，根据使用者在市场上的一对一主动交易、社区之间的产权认证、地区之间的使用权购买等途径，以市场手段为主、政府扶持为辅的途径来进行补偿。

由于生态补偿工程建设的长期性和资金支出的庞大性，需要政府完善公共财政的收支体制。为此，政府可以使用其专属权威，综合使用政策、法律和经济手段来积累财政资源，运用行政机制和市场机制的灵活性，多方式地筹集生态补偿资金。

目前主要的公共物品，包括森林生态系统服务产品，在供给和需求之间的矛盾已变得越来越突出。要解决这个问题，主要途径是深化政府管理机制的改革，建立一种新型的公共财政，以满足社会需求与生态需求。萨缪尔森和诺德豪斯（1999）主张政府与市场相结合，政府的作用是建立法律制度，决定宏观经济稳定政策影响的资源分配，提高经济效益，建立一个合理的收入分配机制。我国现行的公共物品供给制度的显著特征就是政府及管理部门的管理单一性。要解决公共品供给失效的难题，与我国国情相关的制度创新十分必要。

具体的生态补偿资金筹措可以采取下列途径：首先是国家预算。在编制年度预算时，将补偿资金的一部分作为一个单独的预算科目，在中央和省级预算支出中安排。其次是发行国债。国家通过筹集国债，有偿筹措生态补偿资金，将全社会的闲散资金及保险基金等引导到生态补偿上来。再次是补偿基金。由政府相关管理部门建立补偿基金。补偿基金以市场化方式运作，同时参与证券市场上的流通，可以实现补偿基金的增值。最后是开征生态补偿税。征税有助于增加收入，便于规范管理。但是，实践中合理确定征税产品的难度是比较大的，来自相关资源经营利用部门的阻力非常大。除此以外，发行森林彩票、开展公众捐助基金也是可以纳入的补偿途径，值得深入探讨。

6.4　森林生态补偿的法律保障

生态补偿政策建立的重要基础是其健全的法律体系，它是利用环境管理政策和法律手段调整相关主体环境利益及其经济利益的分配关系，促进环境外部成本内部化，实现环境资源有偿使用的重要制度和手段。建立生态补偿法律制度，通过立法手段有效调节利益分配格局，实现公平分配，既是推进经济发展方式转变的有效手段，建立资源节约型、环境友好型社会的内在要求，也是有效调节利益分配格局，建立和谐社会的重要举措。

国外的生态补偿机制的运行主要得益于其日臻完善的保障机制。例如，日本于 1993 年通过了《环境基本法》，确定了受益者补偿原则。2001 年将其修正为《森林、林业基本法》，确认了森林生态系统的服务价值。同年修订了日本《森林法》，正式建立了保安林条款以及相应林地使用补偿制度。通过立法，确认了森林的生态价值范围与形式，确立了日本保育林制度和水源税制度两种森林生态补偿制度。德国于 1975 年正式颁布了《联邦保护和发展森林法》，并确立了森林生态系统中经济、生态和社会三项效益合为一体的森林发展规划。

我国环境与资源相关法律中有各种名类不同的资源、环境管理、保护、治理的收费，也不同程度地反映着生态补偿的性质。自 20 世纪 80 年代以来，我国森林生态补偿政策方面的相关法律文件相继出台。在 1981 年，中共中央、国务院颁发了《关于保护森林发展林业若干问题的决定》，其中明确地表达了需要建立林业基金这一必要制度。而后，各种关于森林补偿政策方面的法律依次推行。在 1985 年，我国根据已颁布的《中华人民共和国森林法》把林业基金制度正式编写到法律条文中。在 1993 年，《国务院关于进一步加强造林绿化工作的通知》中明确指出："要改革造林绿化资金投入机制，逐步实行征收生态效益补偿费制度。" 1996 年在《中共中央、国务院关于"九五"时期和今年农村工作的主要任务和政策措施》中主要强调了："按照林业分类经营的原则，逐步建立森林生态效益补偿费制度和生态公益林建设投入机制，加快森林植被的恢复和发展。"我国于 1998 年修订了《中华人民共和国森林法》，其中明确提出："国家设立森林生态效益补偿基金，用于提供生态效益的防护林和特种用途林的森林资源、林木的营造、抚育、保护和管理。"国务院于 2000 年在出台的《中华人民共和国森林法实施条例》中明确指出："防护林和特种用途林的经营者，有获得森林生态效益补偿的权利。" 2001 年时，财政部在《森林生态效益补助资金管理办法（暂行）》中将森林生态补偿纳入公共财政体系。

从地方政府立法这一角度出发，广东省政府在 1994 年推行了《广东省森林保护管理条例》，把管理或抚育的经费全部归于财政预算；与此同时，这项法律对各级政府也提出了较为明确的要求：每年政府都要从地方财政中抽出 1% 以上的款额作为林业资金，其中 30% 以上的资金用作生态补偿。1998 年广东省政府于《广东省生态公益林建设管理和效益补偿办法》这项法律中，具体明确了关于我国生态公益林的管理资金的来源渠道，对公益林的保护以及建设的界定为：我国各级政府每年都需安排预算林业资金；省级政府每年都需要对省区内水土流失经费进行预算和安排；省财政对省区之内较为重要的水系水源涵养林的建设问题安排专项资金；同年，广东省财政厅、广东省林业局出台的《广东省生态公益林建设管理和效益补偿办法实施意见》中明确地对关于补偿资金的监督、使用以及检查等工作都做了规范而又具体的说明。

　　我国目前在补偿制度上主要欠缺的是对其制度化和规范化的研究，主要解决途径为利用行政途径分摊生态环境治理与建设成本，属于道义上的对口支援，具有很大的随意性，缺乏刚性的束缚力。要保证现行的生态补偿政策长期有效的运行，务必依靠法律的强制约束力来夯实其制度基础。实际上，生态补偿政策是一种利益调解制度，也是一种协调矛盾的体制，可以综合经济、意识形态观念、法律等多条途径来实现。

　　社会利益冲突的协调制度中的核心内容之一就是法律制度。通过法律法规的规范作用，可以大幅降低各种协调功能的主观随意性，从而极大限度地维持社会的稳定。我国当前在生态补偿政策方面的法律法规体系还很不完善，如缺乏对各利益主体的权利义务和责任的界定以及没有明确规定补偿内容、补偿方式、补偿标准；立法滞后于生态保护与建设的发展，缺乏有效的法律界定补偿领域的新问题与新方式和补偿方式；一些重要的法规没有明确规范补偿；法律法规的刚性规范缺乏因地制宜的灵活政策来补充等。

　　综上所述，协调平衡与突出强调法律制度在整个森林生态系统服务价值补偿政策中的重要作用与权威地位，对推进整个森林生态保护建设工程、维持森林生态系统的可持续发展有极大的意义。应从以下几个方面促进生态补偿法律体系的运行与维护：首先生态补偿要实现法治化，国家及地方政府都要建立健全补偿资金的管理规范与制度，要加强监督检查补偿资金的使用情况，建立补偿资金使用违规违纪的责任追究制，尽量出台对财政拨款管理方面的法律法规。其次相关生态补偿政策的立法决策程序亟待完善，要广泛听取各方意见，集思广益、博采众长，保证法律制度的可行性，以提高立法质量。必要时需要借鉴国外成功的法律制度，对我国相关法律法规进行系统地梳理与明确地修订。最后明确各级地方政府、个人的权利与责任，通过完善法律法规，建立生态补偿的长效机制。

6.5　科技文化因素的影响

　　技术是人类开发、利用、改造自然的物质手段，人们可以应用科学技术促进环境的变化，同时，人类活动所引起的不良后果即环境污染和破坏必须依靠科学技术加以消除和解决。随着人类对环境问题的日益关注，对改善环境的迫切性不断加强，利用技术的进步与革新来恢复被破坏的环境，提高环境建设能力的重要作用越来越被人们所重视。目前的森林生态补偿机制在科技方面还有很大的进步空间，具体可以从以下几个方面来进行实践：一是增强生态建设和环境保护的科技支撑能力，包括对森林环境污染控制、森林资源监测和遥感等"3S"技术以及森林生态恢复等基础领域的研究；二是提高生态与环保监测监管的技术支撑力度，包括完善生态与绿色产品的认证等;三是建立一支森林生态保护与补偿所需的科技人才队伍,包括鼓励各科研机构、高等院校与农业示范基地联合建立产学研基地,针对目前补偿过程中出现的热点、难点问题开展联合攻关。

文化,是人的主观意识对于客观世界及其关系的主观把握;是人的自我意识活动规律及其自觉地应用于把握认识的自身与客观自然世界的主观能力;是在人类社会发展的历史过程中凝结的,用文字、语言、史记、风俗、习惯传承下来的思想、观念、思维方式等应用于社会发展、文明进步的普遍性意义的社会群体认识。文化对人的熏陶、感染和影响力是其他方式所无法比拟的,对森林的生态保护有着巨大的影响作用,因此有必要探讨补偿中文化的优化问题。本书基于以上基础,从以下几个出发点来综合考虑文化制度的优化:一是组织开展森林生态文化的理论研究;要组织学术界特别是社科界从不同的学科、方向、角度,进行跨学科攻关,不断丰富和发展促进森林生态文化建设;二是加大森林生态补偿的宣传教育力度,充分发挥各类新闻媒体的导向作用,不断推出森林生态文化的相关文艺作品,广泛开展群众性的生态科普教育活动,尤其是对生态补偿方面的方针政策、法律法规和标准规范的宣传工作,要正确发挥舆论导向与监督作用,努力营造浓厚的加强生态补偿的社会氛围;三是健全生态和环保公众参与机制,增强全民参与加强生态补偿的积极性与自觉性。

6.6 本 章 小 结

本章在第 4 章和第 5 章研究的基础上,首先列举了目前国内外典型地区的生态补偿政策运行情况,分析了现有的问题,并将森林生态系统服务价值补偿的资金来源与途径做了比较分析,以法律制度和文化、科技因素作为扩充,最后进行了总结归纳。作为一种新型的环境管理模式,森林生态补偿政策在我国的推行肯定会面临不少困境与制约因素,这就需要付出相当多的努力并做好长期攻坚的准备,特别是要继续完善对补偿资金来源、补偿途径、补偿保障措施等方面的政策,才能更好地实现和谐社会的目标。

第7章 案例研究：北京市延庆县生态系统服务价值与补偿耦合

7.1 研究区域概况

延庆县城[①]总面积为 1993.75km²，山区占 72%，平原占 28%。下辖 11 镇 4 乡，下面将简单介绍延庆县的自然地理情况及社会经济概况。

7.1.1 北京市延庆县自然概况

延庆县处于内蒙古高原和华北平原的交接地带，位于京郊西北 80km 处，北纬 40°16′~40°47′，东经 115°44′~116°34′。怀柔以西，昌平以北，与河北省怀来、赤城接壤，三面抱山，单侧临水，整个地形是一个典型的盆地。

延庆县地处燕山沉降带以西，是密云至宣化隆起活化构造区，县境内以山区居多，平均海拔 1000m 左右，主要山峰属于燕山山脉的一部分，呈东北—西南走向。北京市唯一的山间盆地就是延庆县盆地部分，该盆地内多有岛山分布，其中以海拔 791m 的永宁镇以西的团山最大。由于近代侵蚀剧烈，延庆山区的地貌特征是沟壑纵横、滩涂交错。

由于延庆县位于暖、中温带过渡带及半干旱、半湿润过渡带，属于大陆性季风气候。延庆县受东南暖湿气流影响较大，因此夏季炎热多雨，每年 7 月温度最高，均温 23.1℃；受西北干冷空气控制，冬季温度最低一般出现在 1 月，均温-8.8℃；冷暖气流对流活跃造成了春秋季节天气与气候波动都比较大。

延庆县内风力较大，主要是受到河北坝上和内蒙古高原气流的影响。当地风速年平均值为 5.1m/s，一年中 1 月的风速最大，而 8 月的风速最小。受地理因素的影响，延庆县春季时常刮北风与西北风。一般从上年末 11 月到当年初 4 月，全县的降雨量均值低于 40mm，5~6 月也多旱而少雨，降雨量均低于 80mm，夏季雨水不充足，这直接影响新造苗木的成活和保存。统计资料显示，延庆县年均降雨量为 467mm，县东部山区暴雨较多，延庆县的强降水中心位于四海镇、珍珠泉镇，年均降雨量一般均大于 600mm；大榆树镇下屯村年均降雨量只有 284mm，

---

① 2015 年 11 月，撤销延庆县，设立延庆区，本章研究数据及成果来自撤县设区之前。

由此可见延庆县山区的降雨量要高于平原的降雨量。延庆县在海河流域境内，主要河流是永定河、潮白河以及北运河三大水系。

温带针叶林与温带落叶阔叶林是我国延庆县目前遗存的原始植被类型，因为昔日曾遭受到人为破坏，所以现在这种原始植被所见较少。位于团山上部的原始植被多数是云山杉林与落叶松林，随着时间的变迁，已经变成栎类、山杨、杂草草甸以及桦林等混交次生林。整个延庆县的森林大概可以分为十个树种，天然林主要有山杏、山杨、柞树、侧柏以及桦树等，其中，柞树最多，占天然林面积的46.8%，占全林总面积的30.89%，可见当地天然林具有面积大而且分布不均的特点。人工林主要是刺槐、杨树、油松、侧柏以及落叶松等，人工林的树种相对来说比较少，而且占地面积也比较小，人工油松大约占人工林面积的33.1%，占全林总面积的7.2%。飞播林一共有五个树种：阔叶树、刺槐、柞树、侧柏以及油松，这些树种中除了油松之外都是天然起源或是人工植苗所形成的，而油松是因直接在林地撒种进而繁育的。其中人工油松面积占飞播林面积的61.9%，占全林总面积的4.9%，油松总面积为12530.7hm^2（靳云燕，2007）。2011年延庆县优势树种的面积与蓄积表如表7-1所示。

表 7-1　2011 年延庆县优势树种的面积与蓄积表

优势树种	面积/hm^2	面积百分比/%	蓄积/m^3	蓄积百分比/%	单位蓄积/(m^3/hm^2)
油松	12530.7	11.17	231533.1	13.2	18.5
侧柏	7817.3	6.97	28008.5	1.6	3.6
落叶松	2178.1	1.94	49647.2	2.8	22.8
山杨	3051.9	2.72	62399.3	3.5	20.4
柞树	34651.1	30.89	545622.9	31.1	15.7
刺槐	2402.2	2.14	44469.9	2.5	18.5
杨树	5004.6	4.46	509265.1	29.0	101.8
桦树	4610.1	4.11	131502.5	7.5	28.5
阔叶树	10580.2	9.43	154321.2	8.8	14.6
总计	82826.2	73.83	1756769.7	100	21.21

资料来源：延庆县林业局。

延庆县林分的树种结构类型分为纯林和混交林两种。纯林主要包括当地人工林中的油松林、杨树林、落叶松林等；混交林主要包含天然林和部分飞播林，类似的有松山国家级自然保护区中的天然林。

延庆县现有的森林面积共112170.3hm^2，占全部林地面积的74.2%；全县灌木林面积是20720.7hm^2，占全县林地面积的13.7%；在所有林地中，管护林、封山育林型林地、经济利用林和抚育林共占延庆县整个林地面积的86.1%。按所占面积排序分别为：管护林 61.6%，封山育林型林地 11.1%，经济利用林 7.0%，抚育林 6.4%。延庆县森林覆盖率为 54.91%，县级以上公园 7 个。

7.1.2　延庆县经济社会概况

1）经济概况

延庆县 2011 年实现地区生产总值 75.84 亿元，其中第一产业 9.50 亿元，占地区生产总值的 12.5%，第二产业 20.68 亿元，占地区生产总值的 27.3%，第三产业 45.66 亿元，占地区生产总值的 60.2%。2011 年财政收入全年完成 11.39 亿元；财政支出达到 60.19 亿元。2011 年延庆县城镇居民人均可支配收入为 26080 元，是 2010 年人均可支配收入的 1.18 倍；2011 年延庆县城镇居民的人均消费支出为 14756 元，比上年增长 9.6%。

2011 年，延庆县的农村经济总收入 130.6 亿元，同比增长 10.7%；完成农业产值 22.7 亿元，同比增长 11.8%；2011 年延庆县农村居民人均纯收入 12761 元，同比增长 11%；农村居民人均消费支出为 8135 元，同比增长 21.4%。

2）社会概况

由延庆县统计局网站提供的数据可知，截至 2011 年底，延庆县总人口达到 27.91 万人，其中农村人口为 16.16 万人，占总人口的 57.9%，城镇人口为 11.75 万人，占总人口的 42.1%。数据显示，2011 年延庆县图书馆有藏书 33 万册，县级以上重点文物保护单位 146 处。当地城乡群众的广泛参与和县政府与社会各界的积极支持是延庆县文化事业繁荣发展的主要原因。目前延庆县的文化设施水平得到了很大程度的提高，各类文娱体活动精彩纷呈，有效地保护与利用了当地的文化遗产。

7.1.3　延庆县生态补偿实施情况

2004 年 12 月，生态补偿在延庆县开始全面实施，这一举措实现了"双赢"，即农民收入的增加与生态环境的改善。截至 2013 年 12 月，全县年投入补偿资金约为 4487.5 万元，补偿森林面积为 12.87 万 hm^2，覆盖县内 15 个乡镇 360 多个行政村。

延庆县相继出台了多项补偿管理办法和规定，如《延庆县关于山区生态林补偿机制的实施办法》《延庆县生态林补偿工作组织管理规定》《延庆县山区生态林补偿资金管理暂行办法》《延庆县山区生态林管护技术规定》等。为了确保生态安全，延庆县采取按需定岗、人尽其责的方式，对当地生态林全方位、全天候、全时空监控。2012 年，辖区内的 15 个乡镇已成立 1339 个管护责任区、1305 个固定岗、1030 个流动岗，基本实现了县内管理保护无盲区、无盲点的格局。

延庆县自 2005 年以来，相继在 11 个乡镇投入 100 余万元的补偿资金，同时建设 23 处管理站点，占地 790m²。2008 年，延庆县为其中的 19 个管理站健全了桌椅等设施，以改善护林员的工作条件。

自生态林补偿政策实施以来，全县就业人口有所增加，因管护森林就业的农民大约有 2 万多人。全县护林员年均人数为 8950 人，人均年工资为 4850 元，最高为 7550 元。由于生态补偿实施而增加的农民人均年收入为 200 余元。近年来山区变化很大，农民逐渐实现脱贫，生活水平有了大幅提高。2012 年，延庆县管护成效明显，其中护林员做了大量的工作，共清理 8666.7hm² 林区面积内的可燃物；禁止违章用火 1200 多次；制止破坏森林资源 100 多次；报告森林病虫害 300 多起；完成森林抚育面积 2.67 万 hm²。除此以外，护林员还在野生动植物的保护、野生鸟类的监测、禁止狩猎以及其他公益建设方面也起到了很大的作用。

生态补偿政策逐渐深入人心，林区居民的意识也逐步受到了影响，主要表现在野外放牧、乱砍滥伐事件逐渐变少等方面。不仅如此，他们还积极投入生态保护，有了植树、种花种草的意识，绿化了一些脏乱差的地方，明显改善了林区生活环境。

综上所述，目前延庆县主要林区实施的各项生态补偿措施一定程度上保护了农民的利益，也给集体林权制度改革奠定了一定的基础。本书试图提出改进与完善生态补偿政策的建议，使农民得到切身的惠益，辅助集体林权制度改革积极稳妥推进。

7.2　评 估 目 的

为了验证本书所构建的森林生态补偿标准的评估框架体系以及各项服务价值评估内容的科学性与合理性，同时为科学、准确地评价北京延庆县的森林资源发展的成果，科学认识延庆县的森林的经济、生态和社会价值，本书按照研究所构建的森林生态补偿标准的评估框架体系，结合当地的实际情况，根据延庆县的森林资源统计数据，对森林生态补偿标准进行合理计算，揭示延庆县森林生态系统对经济社会发展的作用。本书中以纳入补偿范围的 12.87 万 hm² 森林作为研究对象，相关数据主要来源于延庆县林业局和统计局网站、当地林业部门提供资料以及实地调研整理。

7.3　基于收益理论的延庆县森林生态系统服务价值

延庆县森林总面积为 15.47 万 hm²，其中生态公益林 13.5 万 hm²，约占森林总面积的 87.27%；商品林 1 万 hm²，约占森林总面积的 6.46%；其他占 0.97 万 hm²，占森林面积的 6.27%。目前实施生态补偿的森林面积为 12.87 万 hm²，本书基于此进行案例试算。

7.3.1　经济收益

经济收益中主要包括林产品收益、非林产品收益和放牧打猎收益三部分。这一部分主要根据式（4-1）～式（4-3），即根据森林面积分别乘以林产品单位面积的年产价值、非林产品单位面积的年产价值以及放牧打猎的统计数据加权得到。

2011 年延庆县林业产值为 2.22 亿元，根据林业产值与生态林在延庆森林面积中所占的比例的乘积可以推算出林产品的经济收益为 1.94 亿元。其中单位面积的收益为 1409.07 元/hm²。

非林产品的产值主要由延庆县当地林下经济发展水平决定，相关数据显示，2007 年，延庆县林业局开始大力发展林下经济，在林下养菌、种花、种植中草药等，涉及延庆县延庆镇、永宁镇、四海镇、大庄科乡、旧县镇、张山营镇和千家店镇七个乡镇，在 2007～2012 年累计发展总面积达 3.5 万 hm²，品类主要为花类、菌类、禽类、畜类、蔬菜、药材（板蓝根）等。到 2012 年，林下经济已经成为延庆县林业产业的重要发展方式，发展面积达 240hm²，其中，林花 50hm²、林药 90hm²、林桑 10hm²、林菌 70hm²、林禽 20hm²。在实际补偿过程中，由于林下经济的复杂性，所以在实际计算过程中要视情况而定。根据推算可知，延庆县 2011 年当年的非林产品总收益达到 4550 万元，其中，单位价值为 19.78 元/hm²。带动农民就业 1600 余人，平均每亩林地比以前增收 500 元，同时林下经济产业也带动了相关产业的发展。

由统计年鉴中的统计数据可以看出，2011 年当地放牧打猎的收入很少，几乎可以忽略不计，所以在本案例中此部分收入不计入总值中。因此，2011 年延庆县森林生态系统的经济收益如表 7-2 所示。

表 7-2　2011 年延庆县森林生态系统经济收益

2011 年经济收益	收益/亿元
林产品	1.94
非林产品	0.46
放牧打猎	—
合计	2.40

7.3.2　生态收益

1）水源涵养

此部分分为调节水量和净化水质两部分来计算，调节水量计算公式为

$$U_{调} = 10T_{库}A(P - E - C) \tag{7-1}$$

据测定，延庆县年均降水量 467mm，蒸散量与地表径流量的和大概为 230mm，水库经营的单位面积收益约为 2.3 元/m³，计算可得调节水量的收益为 70.2 亿元/a。

净化水质的收益采用自来水价格替代法来进行计算，相当于森林水源涵养的净化水质的价值通过自来水的收益计算得出，计算公式为

$$U_{水质} = 10KA(P - E - C) \tag{7-2}$$

目前北京市自来水价格为 4 元/m³，计算得出延庆县净化水质的收益为 122 亿元/a。

2）固土保肥

将固土保肥收益分为固土收益与保肥收益两部分来进行计算，首先计算固土收益：

$$U_{固土} = A(C_{农} + C_{土})\left(\frac{X_2 - X_1}{\rho}\right) \tag{7-3}$$

根据北京区域统计年鉴与水利部门提供的数据，延庆县土壤容重的均值为 1.25，无林地与有林地土壤侵蚀模数的差的均值为 70，农田的产值约为 50 元/hm²，土地开发以后的年收益为 10.68 元/hm²。计算可得固土收益为 4.37 亿元。

保肥价值采用替代市场价值法来进行评价，计算公式为

$$U_{肥} = A(X_2 - X_1)\left(\frac{NC_1}{R_1} + \frac{PC_1}{R_2} + \frac{KC_2}{R_3} + MC_3\right) \tag{7-4}$$

延庆县森林地表层土壤有机质含量平均为 3%，全氮含量平均为 0.19%，全磷含量为 0.02%，全钾含量平均为 0.08%。C_1、C_2、C_3 分别表示化肥磷酸二铵、氯化钾、有机质的价格，分别为 2400 元/t、2200 元/t、320 元/t；R_1、R_2、R_3 分别表示化肥磷酸二铵含氮量、磷酸二铵含磷量、氯化钾含钾量，分别为 14.00%、15.01%、50.00%；由此，可计算出保肥的年收益约为 4.40 亿元。

3）固碳释氧

将其分为固碳收益与释氧收益进行计算，先计算固碳收益：

$$U_{碳} = AC_{碳}(1.63R_{碳}B_{年} + F_{土壤碳}) \tag{7-5}$$

根据相关资料，碳的价格为 1200 元/t（碳的价格参考的是碳税价格），$B_年$ 的平均值为 8.977t/(hm²·a)，$F_{土壤碳}$ 为 0.4t/(hm²·a)，因而可推算出固碳年收益为 6.78 亿元。

释氧收益计算公式为

$$U_氧 = 1.19C_氧AB_年 \qquad (7\text{-}6)$$

式中：$C_氧$ 表示 2011 年 O_2 的市场价格，为 1200 元/t；其他指标同上。根据以上指标计算出释氧收益为 16.5 亿元。

4）净化空气

计算公式为

$$U_净 = \sum_{i=1}^{n} K_iQ_iA \qquad (7\text{-}7)$$

根据相关统计年鉴提供的数据，得出延庆县 2011 年排污收入，进而得出延庆县 2011 年净化空气的收益为 0.15 亿元。

5）森林防护

计算公式为

$$U_{防护} = \sum_{i=1}^{n} C_iq_iA \qquad (7\text{-}8)$$

根据数据可知，延庆县 2011 年农业增产的收入为 22202.8 万元，计算得出 2011 年延庆县森林防护的年收益大约为 6.75 亿元。

6）生物多样性保护

计算公式为

$$U_生 = \sum_{i=1}^{n} S_iA \qquad (7\text{-}9)$$

根据延庆县当年生物多样性保护经营性收入与相关生物多样性指数推算可得，2011 年延庆县森林生物多样性保护的年收益约为 13.5 亿元。

7）森林游憩

根据延庆县旅游景点的相关调研资料与门票收入统计，2011 年延庆森林旅游游客愿意支付费用为 60 元左右，延庆森林旅游总人数为 250.4 万人，因此 2011 年延庆县森林游憩年收益为 1.35 亿元。2011 年延庆县森林生态年收益汇总见表 7-3。

表 7-3　2011 年延庆县森林生态系统生态收益

生态系统服务	年收益/亿元	排序
水源涵养	192.2	1
固土保肥	8.77	4
固碳释氧	23.28	2
净化空气	0.15	7
森林防护	6.75	5
生物多样性保护	13.5	3
森林游憩	1.35	6
合计	246	

7.3.3　社会收益

根据本书的框架，社会收益分为科研收益、就业收益、健康收益以及社会发展收益。

首先要计算的是延庆县的科研收益，计算公式为

$$U_{科研} = Nmn \tag{7-10}$$

根据北京区域统计年鉴和延庆县当地的统计资料可得到当年延庆县林业科研经费总额与成果转化率的相关数据，计算可得 2011 年延庆县科研成果的收益大约为 55.0 万元。

就业收益的计算公式为

$$U_{就业} = \Delta Nw \tag{7-11}$$

根据《北京市延庆县统计年鉴 2011》的数据，2011 年延庆林业职工为 20000 人，比上年增加了 420 人，平均工资为 4800 元/人。因此，2011 年延庆县的就业收益大约为 200 万元。

健康收益的计算公式为

$$U_{健康} = \Delta YGO \tag{7-12}$$

根据延庆县 2011 年的人口数量与平均增长的寿命年限以及当地居民意愿支付的额度，计算可得 2011 年延庆县健康收益为 792.5 万元。

社会发展收益采用的计算公式为

$$U_{发展} = \Delta GI \tag{7-13}$$

通过对延庆县 2011 年地区生产总值年均增长量 12.1%与森林存在对地区生产总值的影响系数的计算可知，这部分收益大致为 12.1 万元。

由此得出延庆县 2011 年社会收益的总收入，具体见表 7-4，通过此表可以看出，社会收益中最主要的部分是健康收益，其次是就业收益，最后是科研收益与社会发展收益。

表 7-4　2011 年延庆县森林生态系统社会收益

社会收益	年收益/万元	排序
科研收益	55.0	3
就业收益	200.0	2
健康收益	792.5	1
社会发展收益	12.1	4
合计	1059.6	

7.3.4　森林生态系统服务总收益的调整

根据 7.3.1 节～7.3.3 节的计算可看出，延庆县森林生态服务的经济、生态、社会收益巨大，单位面积总收益约为 19.31 万元/hm²，远远大于延庆县目前的补偿标准值 2248.88 元/hm²。为减小计算中存在的误差，3.3.4 节介绍过可以运用层次分析法计算经济、社会、生态收益各部分的权重，以调整各部分的收益比重。因此，我们首先采用专家评价赋值法来对此三部分的权重进行分析。在评价中，把延庆县公益林的收益评价作为目标层 A。把经济收益、生态收益和社会收益 3 类收益作为指标层 B 中的 B_1、B_2、B_3。进一步把 B 层的经济收益细分为林产品、非林产品和放牧打猎的收益，生态收益细分为水源涵养、固土保肥、固碳释氧、净化空气、森林防护、生物多样性保护及森林游憩 7 项指标，社会收益细分为科研、就业、健康和社会发展收益 4 项指标，共 14 项指标作为方案层 C 中的 C_1～C_{14}。通过邀请当地林业主管部门的 15 位专家打分，分别确定每项指标的影响大小，具体的过程及结果如下：

第一步，构造判断矩阵 $A\text{-}B$，$B_1\text{-}C_1$，$B_2\text{-}C_2$，$B_3\text{-}C_3$；

第二步，求出特征根和特征向量；对 CR 系数进行一致性检验；得出的结果均小于 0.1，即通过一致性检验；

第三步，对层次进行总排序，具体见表 7-5。因此，在延庆县公益林的收益评价中，经济收益权重占 32.27%，生态收益权重占 48.80%，社会收益占 18.93%。由此可见，单位面积收益总和可由 19.31 万元/hm² 调整为 9.38 万元/hm²，根据

5.2 节结论，可将此值作为延庆县公益林生态补偿的标准范围的上限，与 7.4 节中基于成本进行评估的结果组成一个合理区间进行生态补偿。

表 7-5　延庆县森林生态系统收益评价的层次总排序

层次	B_1	B_2	B_3	层次总排序	因子相对重要性
C_1	0.2220			0.0633	森林经济收益
C_2	0.1436			0.0409	
C_3	0.1309			0.0373	权重占 32.27%
C_4		0.2138		0.0466	森林生态收益
C_5		0.1544		0.0337	
C_6		0.1416		0.0309	
C_7		0.1423		0.0310	
C_8		0.1087		0.0237	权重占 48.80%
C_9		0.0836		0.0182	
C_{10}		0.1349		0.0294	
C_{11}			0.0992	0.0493	森林社会收益
C_{12}			0.2039	0.1013	
C_{13}			0.1474	0.0733	权重占 18.93%
C_{14}			0.1194	0.0593	

7.4　基于成本理论的延庆县森林生态系统服务价值

7.4.1　直接成本

对于直接成本的计算，主要是包括对森林的建设成本的计算、林业生产成本的计算以及林业部门运营成本的计算。下面将就这三项内容具体展开计算。

森林的建设成本计算公式为

$$C_1 = \sum_i^5 T_i \qquad (7\text{-}14)$$

根据《北京市延庆县统计年鉴 2011》提供的数据以及政府公布的相关数据和实地调研资料，2011 年延庆县森林建设成本合计 2.01 亿元。

对林业的生产成本主要包括对林产品投入成本（主要为林木、原木、薪材、

竹藤）、非林产品投入成本（动植物）、林中放牧投入成本等。本书中统一对这两项投入成本采用生产成本法进行计算，计算公式为

$$C_2 = \sum_i^3 W_i N_i \qquad (7\text{-}15)$$

根据实地调研数据与政府部门提供的相关资料，2011 年延庆县林业生产成本为 10.07 亿元。

林业部门运营成本主要包括两类，首先是管理成本，主要包括 2011 年延庆县乡各级管理部门与机构所新增加的投入费用；其次是护林成本，计算的是延庆县 2011 年护林员工资和林业经营机构的管护费用。主要的数据来源是国民经济核算资料，包括各类森林资源经营管理活动的支出数据等，具体的计算公式为

$$C_3 = M + G \qquad (7\text{-}16)$$

根据当地林业管理部门提供数据可知，2011 年延庆县此部分投入为 6.04 亿元。

直接成本（表 7-6）中除了以上三项具体的支出外，还有其他的一些成本投入，如林业管理部门的办公费用等，由于这些支出所占比重较小，所以本部分将这些费用略去不计。

表 7-6 2011 年延庆县森林生态系统直接成本

直接成本	成本/亿元
森林建设成本	2.01
林业生产成本	10.07
林业部门运营成本	6.04
合计	18.12

7.4.2 间接成本

1）水源涵养

对于水源涵养的成本计算分为调节水量和净化水质两项，调节水量的计算公式为

$$C_{调} = 10 C_{库} A(P - E - C) \qquad (7\text{-}17)$$

根据《北京市延庆县统计年鉴 2011》中提供的数据和当地水库的库容投资成本进行计算，2011 年延庆县森林调节水量的总成本为 21.43 亿元。

对于净化水质的价值采用替代法进行计算，计算公式为

$$C_{水质} = 10FA(P - E - C) \tag{7-18}$$

根据 2011 年延庆县水的净化费用计算的成本费用为 32.00 亿元。

2）固土保肥

对森林固土保肥的成本计算分为固土和保肥两项，固土价值计算公式为

$$C_{固土} = A(D_{农} + D_{土})\left(\frac{X_2 - X_1}{\rho}\right) \tag{7-19}$$

参考《北京市延庆县土地开发整理规划》（2001—2010 年）的土地开发成本，可计算出固土的总成本为 0.77 亿元。

保肥价值计算公式为

$$C_{肥} = A(X_2 - X_1)\left(\frac{NC_1}{R_1} + \frac{PC_1}{R_2} + \frac{KC_2}{R_3} + MC_3\right) \tag{7-20}$$

根据延庆县市场调查数据计算可知，保肥成本为 1.84 亿元。

3）固碳释氧

计算公式为

$$C_{固碳} = AD_{碳}(1.63R_{碳}B_{年} + F_{土壤碳}) \tag{7-21}$$

根据现有数据，可计算出延庆县公益林 2011 年固碳成本约为 1.55 亿元。

释氧价值计算公式为

$$C_{氧} = 1.19G_{氧}AB_{年} \tag{7-22}$$

由于工业制氧成本较高，所以此部分的释氧成本约为 14.42 亿元。

4）净化空气

计算公式为

$$C_{净} = \sum_{i=1}^{n} K_i H_i A \tag{7-23}$$

根据相关部门的研究数据，此部分成本总值为 6.75 亿元。

5）森林防护

计算公式为

$$C_{防护} = \sum_{i=1}^{n} C_i h_i A \tag{7-24}$$

根据 2011 年延庆县各种森林防护投入的成本费用，此部分成本总值为 0.68 亿元。

6）生物多样性保护

计算公式

$$C_{生} = \sum_{i=1}^{n} J_i A \qquad (7\text{-}25)$$

根据有关数据，2011 年延庆县生物多样性保护的投入成本为 1.35 亿元。

7）森林游憩

计算公式为

$$C_{游} = f(D,F,T,M,W,E,S) \qquad (7\text{-}26)$$

此部分由于涉及指标众多，只简单用游客花费的旅行成本来进行计算，而不计算旅游管理部门的相关投入，最后求得此部分游憩的投入成本为 0.41 亿元。

8）宣传教育成本

计算公式为

$$C_{宣} = \sum_{i}^{n} N_i \qquad (7\text{-}27)$$

2011 年延庆县宣传与演讲、宣传材料制作与发放、制作的音像宣传材料以及广告宣传部分投入成本共为 0.0008 亿元。

9）科学研究成本

计算公式为

$$C_{科} = K \qquad (7\text{-}28)$$

根据当地林业管理部门提供资料，2011 年延庆县林业科研成本总投入为 0.5 亿元。

10）其他间接成本

计算公式为

$$C_{其他} = C_{折} + C_{公益} \qquad (7\text{-}29)$$

2011 年，延庆县管护机构固定资产的折旧费用与公益性的成本（修路、社区共管等惠民公益性支出）共投入 0.06 亿元。

综上所述，森林的间接成本的投入主要包括四个部分，具体见表 7-7。

表 7-7　2011 年延庆县森林生态系统间接成本

间接成本	成本/亿元	排序
水源涵养	53.43	1
固土保肥	2.61	4
固碳释氧	15.97	2
净化空气	6.75	3
森林防护	0.68	6
生物多样性保护	1.35	5
森林游憩	0.41	8
宣传教育成本	0.0008	10
科学研究成本	0.5	7
其他间接成本	0.06	9
合计	81.7608	

7.4.3　机会成本

森林的机会成本的计算公式如下：

$$C_{机会} = \sum_{i=1}^{n} C_i Q_i \tag{7-30}$$

2011 年延庆县林业产值为 2.22 亿元，根据森林生态系统的多用途性，测算其平均损失费用，可得 2011 年延庆县机会成本共为 2.4 亿元。

7.4.4　森林生态系统服务投入成本的调整

在成本核算的过程中，因为时间跨度的问题，可能会导致计算结果的不准确，因此用 Pearl 生长曲线的数学模型［式（3-9）］进行调整。

在计算过程中，取 $L = a = b = 1$，得到 Pearl 生长曲线的简化形式（李金昌，1999）［式（3-10）］。

接着，以 2011 年当地的恩格尔系数（En）的倒数来代替时间坐标，并进行相应转换，以确定 En 与 y 之间的关系。根据《北京市延庆县统计年鉴 2011》中当地的生活消费支出与当地的食品消费支出的统计数据，可以求出 y，将 y 代入原公式中，可计算出调整后的值。由于 Pearl 生长曲线、恩格尔系数等考虑的只是居民消费中用于食品支出的那一部分，而关乎生态系统服务的还有居民的健康、医疗、教育等方面的支出，因此利用 Pearl 生长曲线的计算结果偏大，在实际计算过程中我们还需要关注健康、医疗和教育等方面的支出。

根据《北京市延庆县统计年鉴 2011》和《北京区域统计年鉴 2011》，2011 年延庆县的人均生活消费支出为 8135 元，人均食品消费支出为 2859 元，人均健康、医疗和教育的支出约为 800 元，根据这几项统计数据，可以计算出延庆县 2011 年改进的恩格尔系数约为 0.45，由此可计算出 $t = -0.78$，根据 Pearl 生长曲线函数，可计算出生长阶段系数 y 为 0.31。

7.5　与补偿标准耦合

通过基于收益理论与成本理论的森林生态补偿标准的核算（表 7-8）可以看出：到 2011 年末，延庆县森林生态系统总收益为 78.01 亿元，其中经济收益为 2.4 亿元，生态收益 75.53 亿元，社会收益 0.08 亿元；总成本为 102.28 亿元，其中，直接成本为 18.12 亿元，间接成本为 81.76 亿元，机会成本为 2.4 亿元。核算结果表明，2011 年延庆县森林生态系统的成本投入大于收益，在实际评价过程中，将单位面积的收益与成本进行校正后，单位面积的收益为 27754.95 元/hm²，单位面积的成本为 23382.35 元/hm²，均远远高于延庆县现行的补偿标准。因此补偿标准在成本与收益之间才是比较合理的，这样的补偿标准既保障了生产者的基本权益，也能调动消费者的积极性。

表 7-8　2011 年延庆县森林生态系统总收益与总成本

	指标	总值/(亿元)	单位面积值/(元/hm²)	校正后的单位面积值/(元/hm²)
总收益	经济收益	2.4	1423.85	460.90
	生态收益	75.53	55900	27279.20
	社会收益	0.08	78.47	14.85
	合计	78.01	57402.32	27754.95
总成本	直接成本	18.12	13432.84	4164.18
	间接成本	81.76	60570.27	18776.78
	机会成本	2.4	1423.85	441.39
	合计	102.28	75426.96	23382.35

由《北京市延庆县统计年鉴 2011》提供的数据可知，2011 年延庆县实现地区

生产总值 67.67 亿元，森林生态系统年收益总值为 78.01 亿元，2011 年延庆县的森林生态系统年收益总值是当年地区生产总值的 1.15 倍。由此可知，森林生态系统的服务价值巨大，对其进行正确的评估有利于更好地促进林业的发展。根据目前当地的林业财政投入情况，可能无法支付本案例试算出的补偿标准，因此本书建议：首先，可根据 2011 年延庆县林业财政投入 3.48 亿元、当年地区生产增长率 12.1% 及计算出的补偿标准上下限数据，运用倒推法计算得出，到 2024 年，政府的累计投入刚好能够达到研究计算出的补偿区间下限（表 7-9），这是在目前财力无法实现情况下的试算表；其次，第 6 章中关于补偿资金来源、途径的研究也可为本章的研究结果提供一个解决思路，即可充分调动当地政府、市场、社区等积极性，通过成立基金、倡导私人交易、发行彩票等方式提高林业财力支付能力，加大财政投入，以最大限度地靠近补偿标准，最大限度地弥补林农损失。

表 7-9　结合财政投入的补偿标准耦合

年份	财政投入/亿元	补偿上限额度/亿元	单位补偿上限/(元/hm²)	补偿下限额度/亿元	单位补偿下限/(元/hm²)
2011	3.48	2.99	2323	2.52	1958
2012	4.21	3.63	2820	3.05	2370
2013	5.09	4.39	3411	3.69	2867
2014	6.16	5.31	4125	4.47	3473
2015	7.46	6.42	4988	5.41	4204
2016	9.02	7.77	6037	6.55	5089
2017	10.92	9.40	7304	7.92	6154
2018	13.21	11.38	8842	9.59	7451
2019	15.99	13.77	10699	11.60	9013
2020	19.34	16.66	12944	14.04	10909
2021	23.41	20.16	15664	16.98	13193
2022	28.32	24.40	18958	20.55	15967
2023	34.27	29.52	22937	24.87	19324
2024	45.10	35.72	27754	30.09	23382

7.6　本 章 小 结

本部分首先介绍了北京市延庆县自然概况、经济社会概况及生态补偿实施情况，随后对基于收益理论和基于成本理论的延庆县森林生态系统服务价值分别进行了评估，评估过程中所用方法均为本书的研究成果，并创造性地对计算的收益与成本结果进行了一定的调整,采用的方法分别为层次分析法和Pearl生长曲线理论。在层次分析法中,通过邀请当地林业主管部门的15位专家进行打分,以确定各项指标的影响大小。在Pearl生长曲线中,不仅运用了恩格尔系数,也将居民的健康、医疗、教育方面的支出纳入了计算,使得结果更准确,也具有一定的创新。

　　需要说明的是,首先,本章只是为本书提供一种佐证,在实际的科研工作中,并不是所有的研究区域都必须对指标进行逐一计算,因为各地自然、经济、社会情况均有差别,林地、树种差异也十分巨大,所以结合研究区域对本书中的指标进行适当筛选是十分必要的。其次,在本章中,调整前的成本一度大于收益,这种情况的出现也是比较正常的。实际中,有的林区投入大于产出,有的产出大于投入,只要能够满足合理的范围区间,补偿标准都可以有理可依。最后,对于补偿标准计算框架中森林生态系统服务的间接成本计算的指标选择也需要适当筛选,这样也可以适当减少对成本的重复计算、夸大计算的问题。总而言之,目前的森林生态补偿研究尚有很多不足之处,如何有效结合市场手段将补偿标准设计得更为合理是一个值得思考的问题。

第8章 结 束 语

8.1 结 论

本书以西方经济学、自然资源与环境经济学等理论为基础，运用定量与定性分析结合、理论与实证分析结合的方法，通过实地调研对基于收益理论与成本理论的我国森林生态补偿研究进行了系统的梳理与比较，提出了我国森林生态补偿的框架，丰富了我国森林生态经济领域的研究。本书主要得出以下结论。

首先，本书明确了森林生态系统服务价值补偿研究的基础是对森林生态系统服务价值评估的研究。评估森林生态系统服务价值也是森林生态系统保护的重要步骤，更是科学管理森林生态系统的基本依据，为相关部门制定森林生态补偿政策提供了依据。本书认为，目前的森林生态补偿标准偏低，在一定程度上影响了林农发展林业、保护生态林的积极性，基于森林生态系统服务价值的补偿标准评估比较符合社会的公平正义原则，既能确定生态保护者损失的成本，也能量化受益者的收益，为补偿标准的确定提供了一定的科学依据。

其次，本书基于经济学原理，设计与验证了森林生态补偿标准的上下限。补偿标准的上限值是先对森林经济收益、生态收益和社会收益进行评估，再结合主观评价方法层次分析法对各项收益权重进行赋值计算的结果。补偿标准的下限值是先对森林的直接成本、间接成本和机会成本进行评估，再结合客观评价方法即改进的 Pearl 生长系数进行修正的结果。评估与计算森林的补偿标准范围，为科学认识我国森林生态系统服务价值提供了一定的技术支持，也基本保障了森林经营生产者和消费者的合理权益。

再次，本书基于收益理论与成本理论，构建了两套补偿标准评估的方法体系，并对其进行了比较分析，阐述了其相对的科学性与合理性。归纳、总结与分析了学术界通用的计算方法体系，提出了改进的建议，研究认为对不同功能区采取不同的考核办法，以科学可行的评价标准，增强不同功能区保护生态环境的积极性。同时通过案例，对本书的评估内容及方法体系均进行了验证，结合案例区域的财政投入情况进行了补偿标准试算，得出了可能实现的补偿年限。

最后，本书基于收益理论和成本理论，对森林生态补偿的资金来源、途径与保障制度进行了比较分析。本书认为，森林生态补偿的资金来源应当实现多元化与支付的多样化，补偿途径应尽快完善以公共投入为主的林业投入机制，同时也需要创建森林生态系统服务市场，以促进社会投入支持林业的激励机制，逐步形成政府主导、市场辅助、社会共同参与的补偿建设投融资模式。除此之外，本书认为法律、文化和科技等因素的纳入可以增强全民参与森林生态补偿的积极性与自觉性。

针对以上结论，为保护生态补偿政策的顺利进行，提高生态保护者的保护积极性，本书提出以下建议：建立健全补偿标准的评估体系，按行政区划制定合理的补偿标准；加大森林生态系统服务价值补偿的技术研究力度，保障补偿标准的科学性；加大政策扶持力度，调整产业结构，促进补偿市场的形成。

8.2 展　　望

关于森林生态系统服务价值评估的现有研究虽在理论与方法上都有了很大的进步，不过总体而言，我国森林生态系统服务价值评估研究仍处在初级阶段，对森林生态系统服务价值补偿的评估研究仍有待完善。伴随研究的深入和科技的进步，日益先进的补偿理论与计算方法将应用到森林生态系统服务价值补偿理论中。因此，今后的发展方向如下。

进一步规范化对补偿标准的研究。我国现有研究大多直接利用国外成果，与我国实际社会经济情况严重脱节，设计的补偿标准可信度较低，很难获取学术界、管理决策部门与人民大众的广泛认可，因此研究结果也难以应用实施。今后研究需结合经济学理论，对区域森林生态补偿的情况具体分析，进一步完善补偿理论方法体系。

加强对森林生态补偿相关方法的研究。例如，生态补偿的土地利用与土地覆被变化（LUCC）效应，并结合行为学模型，进行风险式补偿和差别化补偿方面的研究、等级划分和幅度选择方面的研究、机动补偿和贴现研究等。

森林生态补偿的定性、定量与定位研究的精确化及森林生态资产与森林生态系统服务价值评估的技术化，是森林生态补偿研究的下一步发展方向。补偿过程中，不仅需要量化各项森林指标，也需要考虑社会经济效应和环境影响，如贫困、地区差距、物种多样性等；对利益相关者的补偿意愿研究也是值得关注的一个方向。另外，关于行政辖区内的生态补偿功能分区和等级划分研究，特别是生态补偿标准实现的 GIS 时空分配模型研究也是未来研究的重点。最后，关于碳排放区域之间的生态补偿机制建设在未来的研究中也不可忽视。

随着社会经济的不断发展以及对森林生态补偿认识的不断深入，森林生态补偿将成为我国乃至全球学者所共同关注的重要课题。特别是在我国社会经济快速发展的背景下，森林生态补偿将成为国家实施生态保护的重要手段，希望本书能够对后续研究和国家相关政策的制定有所帮助。

参 考 文 献

鲍锋, 孙虎, 延军平. 2005. 森林主导生态价值评估及生态补偿初探. 水土保持通报, 25 (6): 101-104.

布坎南 J. 2009. 成本与选择. 刘志铭, 李芳译. 杭州: 浙江大学出版社.

蔡细平, 郑四渭, 姬亚岚, 等. 2004. 生态公益林项目评价中的林地资源经济价值核算. 北京林业大学学报, 26 (4): 76-80.

曹明德. 2010. 对建立生态补偿法律机制的再思考. 中国地质大学学报 (社会科学版), 10 (5): 28-35.

曹晓昌, 甄霖, 杨莉, 等. 2011. 泾河流域生态系统服务消耗及变化认知分析: 基于农户问卷调查和参与式社区评估. 资源与生态学报 (英文版), 2 (4): 345-352.

陈杰, 林雅秋, 林宇, 等. 2002. 福建省生态公益林补偿问题研究. 林业经济问题, 22 (6): 357-359.

陈琳, 欧阳志云, 王效科, 等. 2006. 条件价值评估法在非市场价值评估中的应用. 生态学报, 26 (2): 610-619.

陈能汪, 李焕承, 王莉红. 2009. 生态系统服务内涵、价值评估与 GIS 表达. 生态环境学报, 18 (5): 1987-1994.

陈钦. 2009. 公益林供给与需求分析. 中国农学通报, 25 (22): 130-133.

陈钦, 魏远竹. 2007a. 公益林生态补偿标准、范围和方式探讨. 科技导报, 25 (10): 64-66.

陈钦, 魏远竹. 2007b. 公益林生态补偿的理论分析. 技术经济, 26 (4): 82-84.

陈锡康. 1992. 中国城乡经济基础投入占用产出分析. 北京: 科学出版社.

陈源泉, 高旺盛. 2007. 基于生态经济学理论与方法的生态补偿量化研究. 系统工程理论与实践, 27 (4): 165-170.

崔一梅. 2008. 北京市生态公益林补偿机制的理论与实践研究. 北京: 北京林业大学.

代光烁, 余宝花, 娜日苏, 等. 2012. 内蒙古草原生态系统服务与人类福祉研究初探. 中国生态农业学报, 20 (5): 656-662.

戴广翠, 张蕾, 李志勇, 等. 2012. 壶瓶山自然保护区生态补偿标准的调查研究. 湖南林业科技, 39 (4): 4-9, 40.

戴君虎, 王焕炯, 王红丽, 等. 2012. 生态系统服务价值评估理论框架与生态补偿实践. 地理科学进展, 31 (7): 963-969.

戴栓友. 2003. 森林生态服务市场补偿问题研究. 北京: 北京林业大学.

邓坤枚, 石培礼, 谢高地. 2002. 长江上游森林生态系统水源涵养量与价值的研究. 资源科学, 24 (6): 68-73.

杜宗义, 罗明灿, 成清琴. 2011. 云南省省级公益林森林生态效益补偿现状及对策探讨. 林业资源管理, (3): 20-22.

段晓峰, 许学工. 2006. 区域森林生态系统服务功能评价——以山东省为例. 北京大学学报 (自然科学版），42（6）：751-756.

范里安 H R. 2015. 微观经济学：现代观点. 9版. 费方域，朱保华译. 上海：格致出版社.

方瑜，欧阳志云，肖燚，等. 2011. 海河流域草地生态系统服务功能及其价值评估. 自然资源学报，26（10）：1694-1706.

费世民，彭镇华，杨冬生，等. 2004. 关于森林生态效益补偿问题的探讨. 林业科学，40（4）：171-179.

费雪 L. 2017. 资本和收入的性质. 北京：商务印书馆.

冯新. 2010. 外部性、负外部性及其在生态保护中的应用. 湖南商学院学报，17（4）：37-40.

弗里曼 A M. 2002. 环境与资源价值评估理论与方法. 曾贤刚译. 北京：中国人民大学出版社.

甘晖，吴巧雅，叶文虎. 2008. 环境资源价值评估与赔偿的若干问题的分析. 中国人口·资源与环境，18（5）：144-147.

高岚，崔向雨，米锋. 2008. 生态公益林补偿政策评价指标体系研究. 林业经济，（12）：20-23.

高素萍，李美华，苏万揩. 2006. 森林生态效益现实补偿费的计量——以川西九龙县为例. 林业科学，（4）：88-92.

顾岗，陆根法，蔡邦成. 2006. 南水北调东线水源地保护区建设的区际生态补偿研究. 生态经济，（2）：49-50，72.

郭广荣，李维长，王登举. 2005. 不同国家森林生态效益的补偿方案研究. 绿色中国（理论版），（7M）：14-17.

何承耕，谢剑斌，钟全林. 2008. 生态补偿：概念框架与应用研究. 亚热带资源与环境学报，（2）：65-73.

洪尚群，马丕京，郭慧光. 2001. 生态补偿制度的探索. 环境科学与技术，24（5）：40-43.

侯元兆. 2002. 森林环境价值核算. 北京：中国科学技术出版社.

侯元兆，李玉敏，朱小龙，等. 2008. 中国的森林服务市场：现状、潜力与问题. 世界林业研究，21（1）：56-60.

侯元兆，吴水荣. 2005. 森林生态服务价值评价与补偿研究综述. 世界林业研究，18（3）：1-5.

胡海胜. 2007. 庐山自然保护区森林生态系统服务价值评估. 资源科学，29（5）：28-36.

黄蕾，段百灵，袁增伟，等. 2010. 湖泊生态系统服务功能支付意愿的影响因素——以洪泽湖为例. 生态学报，20（2）：487-497.

黄舒慧. 2004. 浅谈生态公益林的补偿. 中国人口·资源与环境，14（6）：77-79.

姜宏瑶. 2011. 中国湿地生态补偿机制研究. 北京：北京林业大学.

姜文来. 2003. 森林涵养水源的价值核算研究. 水土保持学报，17（2）：34-36，40.

蒋洪强，徐玖平. 2004. 环境成本核算研究的进展. 生态环境，13（3）：429-433.

金波. 2010. 区域生态补偿机制研究. 北京：北京林业大学.

金蓉，石培基，王雪平. 2005. 黑河流域生态补偿机制及效益评估研究. 人民黄河，27（7）：4-6.

靳云燕. 2007. 北京市森林生态效益计量评价及案例研究. 北京：北京林业大学.

科斯 R H. 1994. 论生产的制度结构. 盛洪，陈郁译. 上海：上海三联书店出版社.

孔凡斌. 2003. 试论森林生态补偿制度的政策理论、对象和实现途径. 西北林学院学报，18（2）：101-104，115.

孔凡斌. 2007. 退耕还林（草）工程生态补偿机制研究. 林业科学，43（1）：95-101.

孔繁文，戴广翠，何乃蕙，等. 1994. 森林环境资源核算及补偿政策研究. 林业经济，（4）：34-47.

赖力，黄贤金，刘伟良. 2008. 生态补偿理论、方法研究进展. 生态学报，2008（6）：2870-2877.

联合国粮食及农业组织. 1997. 林产品与相关服务产业的发展趋势与现状. 世界森林状况.

粟娟，蓝盛芳. 2000. 评估森林综合效益的新方法——能值分析法. 世界林业研究，13（1）：32-37.

李超显，彭福清，陈鹤. 2012. 流域生态补偿支付意愿的影响因素分析——以湘江流域长沙段为例. 经济地理，32（4）：130-135.

李金昌. 1999. 生态价值论. 重庆：重庆大学出版社.

李双成，刘金龙，张才玉，等. 2011. 生态系统服务研究动态及地理学研究范式. 地理学报，66（12）：1618-1630.

李文华，李芬，李世东，等. 2006. 森林生态效益补偿的研究现状与展望. 自然资源学报，21（5）：677-688.

李文华，李世东，李芬，等. 2007. 森林生态补偿机制若干重点问题研究. 中国人口·资源与环境，17（2）：13-18.

李向前，陈隽，张胜. 2002. 生态公益林建设管理的环境经济政策分析——以广州市为例. 中国人口·资源与环境，12（4）：42-45.

李晓光，苗鸿，郑华，等. 2009. 机会成本法在确定生态补偿标准中的应用——以海南中部山区为例. 生态学报，29（9）：4875-4883.

李意德，陈步峰，周光益，等. 2003. 海南岛热带天然林生态环境服务功能价值核算及生态公益林补偿探讨. 林业科学研究，16（2）：146-152.

李玉敏，侯元兆. 2005. 森林环境服务补偿机制研究概述. 世界林业研究，18（6）：17-24.

李周. 1993. 关于森林生态经济效益计量研究的几点意见. 林业经济，（6）：50-53.

刘广全，唐德瑞，罗伟祥. 1997. 黄土高原渭北生态经济型防护林体系综合效益计量与经济评价. 西北林学院学报，12（2）：26-31.

刘文俊. 1997. 浅谈世界银行新国家财富评估方法. 世界经济统计研究，1997（4）：36-40.

刘桂环，张惠远，万军，等. 2006. 京津冀北流域生态补偿机制初探. 中国人口·资源与环境，16（4）：120-124.

刘玉卿，徐中民，南卓铜. 2012. 基于SWAT模型和最小数据法的黑河流域上游生态补偿研究. 农业工程学报，28（10）：124-130.

马歇尔 A. 2009. 经济学原理. 廉运杰译. 北京：商务印书馆.

毛锋，曾香. 2006. 生态补偿的机理与准则. 生态学报，26（11）：3841-3846.

毛显强，钟瑜，张胜. 2002. 生态补偿的理论探讨. 中国人口·资源与环境，12（4）：38-41.

孟祥江，侯元兆. 2010. 森林生态系统服务价值核算理论与评估方法研究进展. 世界林业研究，23（6）：8-12.

米锋，李吉跃，杨家伟. 2003. 森林生态效益评价的研究进展. 北京林业大学学报，25（6）：77-83.

欧名豪，宗臻铃，董元华，等. 2000. 区域生态重建的经济补偿办法探讨——以长江上游地区为例. 南京农业大学学报，23（4）：109-112.

欧阳志云，王效科，苗鸿. 1999a. 中国陆地生态系统服务功能及其生态经济价值的初步研究. 生态学报，19（5）：607-613.

欧阳志云，王如松，赵景柱. 1999b. 生态系统服务功能及其生态经济价值评价. 应用生态学报，10（5）：635-639.

秦艳红，康慕谊. 2007. 国内外生态补偿现状及其完善措施. 自然资源学报，22（4）：557-567.

秦寿康. 2003. 综合评价原理与应用. 北京：电子工业出版社.

斯密 A. 1974. 国民财富的性质和原因的研究(国富论). 郭大力，王亚南译. 北京：商务印书馆.

萨缪尔森 P A，诺德豪斯 W D. 1999. 经济学. 16 版. 萧琛，等译. 北京：华夏出版社.

石培基，冯晓淼，宋先松，等. 2006. 退耕还林政策实施对退耕者经济纯效益的影响评价——以甘肃 4 个退耕还林试点县为例. 干旱区研究，25（3）：459-465.

宋晓华，郑小贤，杜鹏志，等. 2001. 公益林经济补偿的研究. 北京林业大学学报，23（3）：30-34.

隋磊，赵智杰，金羽，等. 2012. 海南岛自然生态系统服务价值动态评估. 资源科学，34（3）：572-580.

孙新章，谢高地，张其仔，等. 2006. 中国生态补偿的实践及其政策取向. 资源科学，28（4）：25-30.

孙新章，周海林. 2008. 我国生态补偿制度建设的突出问题与重大战略对策. 中国人口·资源与环境，18（5）：139-143.

泰坦伯格 T. 2003. 环境与自然资源经济学. 5 版. 严旭阳，译. 北京：经济科学出版社.

谭秋成. 1999. 关于产权的几个基本问题. 中国农村观察，(1)：26-33.

谭秋成. 2009. 关于生态补偿标准和机制. 中国人口·资源与环境，19（6）：1-6.

谭秋成. 2012. 丹江口库区化肥施用控制与农田生态补偿标准. 中国人口·资源与环境，22（3）：124-129.

田国启，刘增光. 2001. 山西省生态公益林实行效益补偿的调查与思考. 林业经济，(11)：58-61，63.

万本太，邹首民. 2008. 走向实践的生态补偿：案例分析与探索. 北京：中国环境科学出版社.

万军，张惠远，王金南，等. 2005. 中国生态补偿政策评估与框架初探. 环境科学研究，18（2）：1-8.

王雅丽，唐德善，刘洋. 2009. 基于循环经济理论的资源开发生态补偿机制. 现代经计探讨，(3)：28-31.

王兵，鲁绍伟. 2009. 中国经济林生态系统服务价值评估. 应用生态学报，20（2）：417-425.

王兵，鲁绍伟，尤文忠，等. 2010. 辽宁省森林生态系统服务价值评估. 应用生态学报，21（7）：1792-1798.

王兵，郑秋红，郭浩. 2008. 基于 Shannon-Wiener 指数的中国森林物种多样性保育价值评估方法. 林业科学研究，21（2）：268-274.

王昌海. 2011. 秦岭自然保护区生物多样性保护的成本效益研究. 北京：北京林业大学.

王金南，於方，曹东. 2006. 中国绿色国民经济核算研究报告 2004. 中国人口·资源与环境，16（6）：11-17.

王军锋，侯超波，闫勇. 2011. 政府主导型流域生态补偿机制研究——对子牙河流域生态补偿机制的思考. 中国人口·资源与环境，21（7）：101-106.

王振波，于杰，刘晓雯. 2009. 生态系统服务功能与生态补偿关系的研究. 中国人口·资源与环境，19（6）：17-22.

王钦敏. 2004. 建立补偿机制，保护生态环境. 求是，(13)：55-56.

维塞尔 F V. 1982. 自然价值. 陈国庆译. 北京：商务印书馆.

温作民. 1999. 森林生态资源配置中的市场失灵及其对策. 林业科学，35（6）：110-114.

吴水荣. 2003. 水源涵养林环境效益经济补偿研究. 北京：中国农业大学.

吴水荣，马天乐，赵伟. 2001. 森林生态效益补偿政策进展与经济分析. 林业经济，(4)：20-23，10.

吴晓青，洪尚群，段昌群，等. 2003. 区际生态补偿机制是区域间协调发展的关键. 长江流域资源与环境，12（1）：13-16.

肖建红, 陈绍金, 于庆东, 等. 2012. 基于河流生态系统服务功能的皂市水利枢纽工程的生态补偿标准. 长江流域资源与环境, 21 (5): 611-617.

肖寒, 欧阳志云, 赵景柱, 等. 2000. 森林生态系统服务功能及其生态经济价值评估初探——以海南岛尖峰岭热带森林为例. 应用生态学报, (4): 481-485.

谢高地, 鲁春霞, 成升魁. 2001. 全球生态系统服务价值评估研究进展. 资源科学, 23 (6): 5-9.

谢高地, 甄霖, 鲁春霞, 等. 2008. 一个基于专家知识的生态系统服务价值化方法. 自然资源学报, (5): 911-919.

谢贤政, 马中. 2006. 应用旅行费用法评估黄山风景区游憩价值. 资源科学, 28 (3): 128-136.

熊鹰, 谢更新, 曾光明, 等. 2008. 喀斯特区土地利用变化对生态系统服务价值的影响——以广西环江县为例. 中国环境科学, 28 (3): 210-214.

熊鹰, 王克林, 蓝万炼, 等. 2004. 洞庭湖区湿地恢复的生态补偿效应评估. 地理学报, 59 (5): 772-780.

薛达元, 包浩生, 李文华. 1999. 长白山自然保护区生物多样性旅游价值评估研究. 自然资源学报, 14 (2): 140-145.

杨光梅, 闵庆文, 李文华, 等. 2007. 我国生态补偿研究中的科学问题. 生态学报, 27 (10): 4289-4300.

于光远. 1981. 社会主义建设与生活方式、价值观和人的成长. 中国社会科学, (4): 3-12.

余新晓, 鲁绍伟, 靳芳, 等. 2005. 中国森林生态系统服务功能价值评估. 生态学报, 25 (8): 2096-2102.

俞海, 任勇. 2008. 中国生态补偿: 概念、问题类型与政策路径选择. 中国软科学, (6): 7-15.

禹雪中, 冯时. 2011. 中国流域生态补偿标准核算方法分析. 中国人口·资源与环境, 21 (9): 14-19.

翟中齐. 1996. 对经济建设和生态建设关系的浅见. 北京林业大学学报 (社会科学版), 18 (S4): 51-53.

张宏健. 1998. 林业在可持续发展中的地位和经济贡献. 云南林业科技, 6 (2): 72-77.

张祖荣. 2001. 我国森林社会效益经济评价初探. 重庆师专学报, 20 (3): 23-26.

张涛. 2003. 森林生态效益补偿机制研究. 北京: 中国林业科学研究院.

张颖. 2004. 森林社会效益价值评价研究综述. 世界林业研究, 17 (3): 6-11.

张永民. 2012. 生态系统服务研究的几个基本问题. 资源科学, 34 (4): 725-733.

张志强, 徐中民, 程国栋. 2003. 条件价值评估法的发展与应用. 地球科学进展, 18 (3): 454-463.

曾华锋, 黄艳. 2003. 安徽黄山生态公益林资金补助问题研究. 林业经济问题, 23 (4): 218-221.

章锦河, 张捷, 梁玥琳, 等. 2005. 九寨沟旅游生态足迹与生态补偿分析. 自然资源学报, 20 (5): 735-744.

章铮. 1996. 边际机会成本定价——自然资源定价的理论框架. 自然资源学报, 11 (2): 107-112.

赵景柱, 肖寒, 吴刚. 2000. 生态系统服务的物质量与价值量评价方法的比较分析. 应用生态学报, 11 (2): 290-292.

赵军, 杨凯. 2007. 生态系统服务价值评估研究进展. 生态学报, 27 (1): 346-356.

赵同谦, 欧阳志云, 郑华, 等. 2004. 中国森林生态系统服务功能及其价值评价. 自然资源学报, 1 (4): 480-491.

赵雪雁, 路慧玲, 刘霜, 等. 2012. 甘南黄河水源补给区生态补偿农户参与意愿分析. 中国人口·资源与环境, 22 (4): 96-101.

郑海霞, 张陆彪. 2006. 流域生态服务补偿定量标准研究. 环境保护, (1A): 42-46.

支玲, 李怒云, 王娟, 等. 2004. 西部退耕还林经济补偿机制研究. 林业科学, 40 (2): 2-8.

中国森林资源核算及纳入绿色 GDP 研究项目组. 2010. 绿色国民经济框架下的中国森林核算研究. 北京：中国林业出版社.

周晓峰，张洪军. 2002. 森林生态系统的服务功能//生态系统的服务功能. 北京：气象出版社.

庄国泰，高鹏，王学军. 1995. 中国生态环境补偿费的理论与实践. 中国环境科学，15（6）：413-418.

Boyd J，Banzhaf S. 2007. What are ecosystem services? The need for standardized environmental accounting units. Ecological Economics，63（2-3）：616-626.

Collins S，Larry E. 2007. Caring for our Natural Assets: An Ecosystem Services Perspective. U.S. Department of Agriculture Forest Service，Pacific Northwest Research Station PNW-GTR-733.

Costanza R，D'Arge R，De Groot R，et al. 1997. The value of the world's ecosystem services and natural capital. Nature，387：253-260.

Deutsch L，Folke C，Skanberg K. 2003. The critical natural capital of ecosystem performance as insurance for human well-being. Ecological Economics. 44（2-3）：205-217.

Daily G. 1997. Nature's Services: Societal Dependence on Natural Ecosystems. Washington D.C: Island Press.

Ehrlich P R，Goulder L H. 2007. Is current consumption excessive? A general framework and some indications for the United States. Conservation Biology，21（5）：1145-1154.

Engel S，Pagiola S，Wunder S. 2008. Designing Payments for Environmental Services in Theory and Practice -An Overview of the Issues. Ecological Economics，65（4）：663-674.

Fisher I. 1892. Mathematical Investigations in the Theory of Value and Prices. New Haven: Yale University.

Fisher I. 1989. The Nature of Capital and Income. New York: The Macmillan Company.

Fisher B，Turner R K，Morling P. 2009. Defining and classifying ecosystem services for decision making. Ecological Economics，68（3）：643-653.

Krutilla J V. 1967. Conservation reconsidered. The American Economic Review，57（4）：777-786.

Linderman R L. 1942. The trophic-dynamic aspect of ecology. Ecology. 23：399-418.

Liu J G，Li S X，Ouyang Z Y，et al. 2008. Ecological and socioeconomic effects of China's policies for ecosystem services. Proceedings of the National Academy of Sciences of the United States of America，105（28）：9477-9482.

Millennium Ecosystem Assessment (MEA). 2005. Ecosystems and Human Well-Being: Synthesis. Washington DC: Island Press.

Ojea E，Martin-Ortega J，Chiabai A，2010. Classifying ecosystem services for economic valuation: The case of forest water services. BIOECON Conference，Venice，27-28 September 2010.

Tansley A G. 1935. The use and abuse of vegetational concepts and terms. Ecology，16（3）：284-307.

Tietenberg T. 2000. Environmental and Natural Resource Economics，5th ed. London: Addison-Wesley longman，Inc.

Turner R K，Daily G C. 2008. The Ecosystem Services Framework and Natural Capital Conservation. Environment Resource Economics，39（1）：25-35.

Wackernagel M，Schulz N B，Deumling D，et al. 2002. Tracking the ecological overshoot of the human economy. Proceedings of the National Academy of Sciences of the United States of America，99（14）：9266-9271.

附　　录

附表一　森林生态系统服务价值计算相关价格参数

价格参数	数据来源	单位	数值
水库建设单位库容投资	根据 1993～1999 年中国水利年鉴平均库容造价为 2.17 元/t，再结合当年的价格指数可得造价	元/t	7.16
水的净化费用	采用替代成本法，可用当年当地的居民用水价格来替代	元/t	1.05
挖去单位面积土方费用	当地人工挖土方的费用	元/m³	12.6
碳的价格	瑞典碳税法	元/t	1200
制氧价格	工业制氧法	元/t	1000
磷酸二铵含氮量	化肥产品说明	%	14.0
磷酸二铵含磷量	化肥产品说明	%	15.01
氯化钾含钾量	化肥产品说明	%	50.0
磷酸二铵化肥价格	当地化肥的平均价格	元/t	2400
氯化钾化肥价格	当地化肥的平均价格	元/t	2200
有机质价格	当地化肥的平均价格	元/t	320
二氧化硫治理费	市场价格法	元/kg	1.2
氟化物治理费	市场价格法	元/kg	0.69
氮氧化物治理费	市场价格法	元/kg	0.63
降尘清理费	市场价格法	元/kg	0.15

附表二　森林生态补偿标准的农户调查问卷

为了对森林生态补偿有进一步的了解，特做此调查。本次调查属匿名调查，问卷内容仅作为参考，绝不挪为他用。为确保调查结果的客观及真实性，敬请如实填写，谢谢您的合作！

一、家庭基本情况

1. 性别：①男②女
2. 职业：①林农②农民③其他
3. 家庭人口数？＿＿＿＿＿＿＿＿＿＿＿＿
4. 文化程度（　　　）

①小学及以下　　　　　　②初中　　　　　　③高中/中专

④大专　　　　　　　　　⑤本科以上

5. 年龄（　　　）

①＜25 岁　　　　　　　②25～40 岁　　　　③40～55 岁

④55～70 岁　　　　　　⑤＞70 岁

6. 家庭户均林地面积（　　　）

①＜10 亩　　　　　　　②10～20 亩　　　　③20～50 亩

④50～100 亩　　　　　　⑤＞100 亩

二、森林生态补偿相关经济收益情况

7. 家庭全年林业总收入（　　　）

①＜5000 元　　　　　　②5000～10000 元

③10000～15000 元　　　④＞15000 元

8. 林业收入的主要来源是（　　　）（多选）

①林产品收入　　　　　　②林地租金收入

③生态林补偿费收入　　　④涉林劳务工资收入

9. 家庭收入中全年林产品收入（　　　），非林产品收入（　　　），养殖收入（　　　），放牧打猎收入（　　　），其他收入（　　　）

①＜5000 元　　　　　　②5000～10000 元

③10000～15000 元　　　④＞15000 元

三、森林生态补偿相关成本情况

10. 您每年花在森林的营造上的费用是多少？（　　　）
①＜100 元/亩　　　　　　　　②100～150 元/亩
③150～200 元/亩　　　　　　　④＞200 元/亩
11. 您每年花在森林的管护上的费用是多少？（　　　）
①＜50 元/亩　　　　　　　　　②50～100 元/亩
③100～150 元/亩　　　　　　　④＞150 元/亩
12. 您每年森林经营费用主要花在哪些方面？（　　　）（多选）
①雇工　　　　　　　　　　　　②农药除草、杀虫
③苗种　　　　　　　　　　　　④劳动工具费用

四、农户受偿意愿调查

13. 您为什么愿意参加生态林保护？（　　　）
①政府规定　　　　　②为得到补助　　　　　③家里劳动力不足
④种地不赚钱　　　　⑤其他_____
14. 支持度：总体上，您认为目前的森林生态补偿标准可否接受？（　　　）
①非常接受　　　　　　　　　　②基本接受
③不能接受　　　　　　　　　　④非常不满意
15. 如果不能接受，您认为至少应该补贴多少可以接受？（　　　）
①＜150 元/亩　　　　②150～250 元/亩　　　　③250～350 元/亩
④＞350 元/亩　　　　⑤其他_____
16. 您认为生态补偿前后家庭收入的变化如何？（　　　）
①提高　　　　　　　　②无变化　　　　　　　　③降低
17. 如果没有了补贴，您的生活会陷入困境吗？（　　　）
①不会　　　　②可能会　　　　③现在还不知道　　　　④一定会
18. 您认为环境重要还是经济重要？（　　　）
①环境重要　　　　②经济重要　　　　③都重要　　　　④不了解

附表三　森林生态补偿标准的林业管理部门调查问卷

为了对森林生态补偿有进一步的了解，特做此调查。本次调查属匿名调查，问卷内容仅作为参考，绝不挪为他用。为确保调查结果的客观及真实性，敬请如实填写，谢谢您的合作！

一、生态和社会收益

1. 您认为森林年生态收益（如水源涵养、生物多样性保护、净化空气、固碳释氧、固土保肥等）大概有多少？（　　　）

①<5000 元　　　　　　　　　②5000～10000 元

③10000～15000 元　　　　　　④>15000 元

2. 您认为森林的年社会收益（包括文化教育、科学研究、解决就业等）大概有多少？（　　　）

①<5000 元　　　　　　　　　②5000～10000 元

③10000～15000 元　　　　　　④>15000 元

二、直接和间接成本

3. 目前部门对森林生态补偿的年投入成本（主要指森林建设成本、林业部门运营成本包括林业管理者的工资、设备费等）大概为多少？（　　　）

①<5000 元　　　　　　　　　②5000～10000 元

③10000～15000 元　　　　　　④>15000 元

4. 目前部门对生态方面的年投入成本（主要指对森林水源涵养、固碳释氧这些功能的维持的投入成本）大概为多少？（　　　）

①<5000 元　　　　　　　　　②5000～10000 元

③10000～15000 元　　　　　　④>15000 元

5. 目前部门对森林生态补偿的宣传教育、科研、其他成本的年投入大概为多少？（　　　）

①<5000 元　　　　　　　　　②5000～10000 元

③10000～15000 元　　　　　　④>15000 元

三、林业管理部门概况

6. 林业管理部门名称＿＿＿＿＿＿＿＿＿＿联系方式＿＿＿＿＿＿＿＿＿＿

7. 森林生态补偿管理部门成立时间_____

8. 林业管理部门生态补偿基本情况_____

9. 当地农民年均收入（　　　）

①＜5000 元　　　　　　　　②5000～10000 元

③10000～15000 元　　　　　④＞15000 元

10. 周边进行补偿的森林公园管理情况_____，客流量_____，门票收入_____，其他收入_____，管理成本_____。

附表四 森林生态补偿标准的游客调查问卷

为了对森林生态补偿有进一步的了解，特做此调查。本次调查属匿名调查，问卷内容仅作为参考，绝不挪为他用。为确保调查结果的客观及真实性，敬请如实填写，谢谢您的合作！

一、个人概况

1. 性别：①男②女
2. 职业：①公务员/企事业单位管理人员②公司/企事业单位职员③教师/学生/研究人员④医护人员⑤商业/服务业/运输业人员⑥军人/警察⑦工人⑧农民⑨离退休人员⑩其他
3. 家庭人口数？_____
4. 文化程度（   ）

①博士　　　　　②硕士　　　　　③大学本科　　　　④大专或中专

⑤高中　　　　　⑥初中　　　　　⑦小学

5. 年龄（   ）

①<25 岁　　②25～40 岁　　③40～55 岁

④55～70 岁　　⑤>70 岁

6. 常住地_____
7. 所在单位人均工资_____万元/年
8. 您此次旅游的出游方式是？（   ）

①旅行团　　　　②自助游

9. 您此次旅游的费用来源是？（   ）

①公费　　　　　②自费　　　　　③（非公费）他人支付

10. 您此次出行乘坐的主要交通工具是（出发地—旅游目的地第一站所在地）：

①飞机　　　　　　　　　②火车

③公共（长途）汽车　　　④自驾车

二、旅行费用法

11. 旅行费用

（1）旅行团。报名费：_____元；景区内平均花费：_____元/景区

（2）自助游。

乘坐公共交通工具		自驾车	
单程交通费	元	汽油＋高速过路费＋停车费（全程）	元
景区间交通总费用	元	门票总费用	元
门票总费用	元	日均餐饮费用	元/天
日均餐饮费用	元/天	住宿费	元/晚
住宿费用	元/晚	景区内平均花费	元/景区
景区内平均花费	元/景区		

12. 旅游目的地

（1）除了此处，您此行是否还会游览其他景区？（　　　）

①不会　　　　　　　　②会

（2）您此行是否包括其他省份的景区？（　　　）

①不包括　　　　　　　②包括

13. 您此次旅行的路程时间为＿＿＿天，游玩时间为＿＿＿天；在此逗留＿＿＿天＿＿＿夜。

14. 旅行次数

（1）您是否经常游览森林公园/自然保护区，或以森林为主的景区？（　　　）

①不是，第一次　　　②不是，偶尔　　　③是，经常

（2）最近三年来，您平均每年游览＿＿＿次森林公园/自然保护区或以森林为主的景区？

三、支付意愿法

15. 个人支付意愿

（1）仅仅为了这次游览，您愿意最多＿＿＿＿＿＿＿＿元购买一张门票（您认为一次风景观赏值多少钱）？

（2）为了让您以及您的子孙后代也能够享受这里的风景，您愿意最多支付（捐献）＿＿＿＿＿＿＿保护费用？

（3）为了保存这里的野生动植物的生存环境（完全出自您对自然界的怜爱之心），您愿意最多支付（捐献）＿＿＿＿＿＿保护费用？

①＜50 元　　　②51～100 元　　　③101～150 元　　　④151～200 元

⑤201～300 元　　　⑥301～400 元　　　⑦＞400 元

（4）您因为什么原因愿意支付呢？（　　　）（可多选）

①确保自然资源永久存在

②为了将来把自然资源和保护区文化作为一笔遗产留给子孙后代

③为了自己或者子孙后代将来能享受保护区内的生态服务价值

（5）如果愿意支付，请您选择支付的方式。（　　　）

①直接以现金的形式捐到自然保护基金组织

②直接以现金的形式捐到自然保护区管理机构

③以税收的形式交给国家统一支配

④其他（请说明原因）

（6）如果您不愿意支付费用，请您回答是什么原因。（　　　）

①经济收入低下，不能满足其他

②对保护区不感兴趣

③不想享受资源，也不想为子孙后代留什么

④此种支付应该是国家的事情，和个人无关

⑤对此种支付调查不感兴趣

⑥其他

（7）请给森林生态保护提意见，请直接写在下面。

附表五　森林生态补偿标准的专家调查问卷

尊敬的专家：

您好！

我们准备了该森林生态补偿调查问卷。这是一次科学性的普查，将为国家的森林生态补偿管理政策提供指导性建议。希望您能在百忙之中积极提供个人意见。原始信息不会提供给其他任何单位和部门，希望您如实反映存在的问题，以便寻求解决办法。

填表说明：请您比较自然保护区生物多样性保护过程中产生的经济效益、生态效益、社会效益以及相应子效益中各类别的相对重要程度，把比较结果填入表内，结果用数字表示，数字代表的意义如下：

1 表示两者同样重要；3 表示前者比后者稍微重要；5 表示前者比后者明显重要；7 表示前者比后者强烈重要；9 表示前者比后者极端重要；2、4、6、8 分别表示相邻判断的中间值。

（1）综合收益重要性比较表

后＼前	经济收益	生态收益	社会收益
经济收益	1		
生态收益	—	1	
社会收益	—	—	1

（2）生态收益重要性比较表

后＼前	水源涵养	固碳释氧	防风固沙	净化空气	固土保肥	生物多样性保护	森林游憩
水源涵养	1						
固碳释氧	—	1					
防风固沙	—	—	1				
净化空气	—	—	—	1			
固土保肥	—	—	—	—	1		
生物多样性保护	—	—	—	—	—	1	
森林游憩	—	—	—	—	—	—	1